Les mammifères de tout poil

90 clés pour comprendre

Dans la collection
Clés pour comprendre

Les marées vertes
40 clés pour comprendre
Alain Ménesguen, 2017, 128 p.

Les tortues marines
70 clés pour comprendre
Jérôme Bourjea, Hendrik Sauvignet, Stéphane Ciccione, 2017, 112 p.

Les huîtres
60 clés pour comprendre
Marie Lescroart, 2017, 112 p.

Les étoiles de mer et leurs cousins
80 clés pour comprendre
Coralie Taquet, Marc Taquet, 2016, 148 p.

Quel est le meilleur chocolat ?
90 clés pour comprendre le chocolat
Michel Barel, 2015, 136 p.

Les sols ont-ils de la mémoire ?
80 clés pour comprendre les sols
Jérôme Balesdent, Étienne Dambrine, Jean-Claude Fardeau, 2015, 176 p.

Faut-il sentir bon pour séduire ?
120 clés pour comprendre les odeurs
Roland Salesse, 2015, 200 p.

Avec ou sans sucre ?
90 clés pour comprendre le sucre
Philippe Reiser, 2015, 176 p.

L'énergie, moteur du progrès ?
120 clés pour comprendre les énergies
Paul Mathis, 2014, 176 p.

Éditions Quæ
RD 10
78026 Versailles Cedex, France
www.quae.com

ISBN : 978-2-7592-2754-9
ISSN : 2261-3188

Patrick Haffner
Audrey Savouré-Soubelet

Les mammifères de tout poil ?

90 clés pour comprendre

Éditions Quæ

Table des matières

Jeune bonobo (*Pan paniscus*) blotti sous les mamelles de sa mère.

Préface

Voici tout un livre de questions et de réponses consacré aux mammifères. Il n'est donc peut-être pas utile de chercher à définir ce terme ici, l'ouvrage apportera tous les éclaircissements nécessaires, et de belle façon. Néanmoins, on peut remarquer que bien souvent, nous confondons « mammifère » avec « animal ». Une girafe, un tigre ou un zèbre sont des animaux, tout simplement ! Nous sentons spontanément une certaine proximité, pour ne pas dire familiarité, avec eux. Les choses sont en fait un peu plus complexes. Il y a tellement d'autres animaux que les mammifères. Comme l'histoire des mots est une facette souvent éclairante de l'histoire des sciences, notons que le choix même du terme *Mammalia* (« mammifère », qui porte des mamelles), intrigue certains spécialistes. Objectivement, seules les femelles sont dans ce cas, au moins avec des mamelles fonctionnelles. C'est en 1757 que Linné, qui écrivait en latin, propose ce terme[1], et il l'utilise en 1758 pour classer certains animaux, dont l'espèce humaine ! On aurait aussi pu les appeler « *Pilosa* », les poilus, car c'est une autre de leurs caractéristiques, peut-être mieux partagée, en tous les cas entre les deux sexes[2].

Voici donc toute une série d'interrogations et surtout de réponses autour de la science des mammifères, la mammalogie. Il existe certainement plusieurs manières de lire les 90 questions qui suivent. On peut y voir une illustration de cette proximité partagée entre humains et autres mammifères, parfois cachée sous des dehors un peu extravagants. On peut aussi les considérer comme la célébration d'un groupe zoologique d'une grande richesse, aux adaptations étonnantes, présent dans pratiquement tous les milieux de notre planète.
Les intitulés de ces 90 questions peuvent surprendre, faire sourire, dérouter ; pour autant, ils n'ont pas été choisis au hasard. Derrière, se cachent de vraies questions de biologie, d'écologie, d'évolution, d'adaptation. Qu'il s'agisse d'une petite chauve-souris de 2 grammes, d'un rat-taupe « géant » de 1 kilo ou d'une baleine bleue de 170 tonnes, la diversité de leurs présences, comportements, et des défis relevés, force le respect de l'observateur, fût-il mammalogiste chevronné comme les deux auteurs de ce bel ouvrage, ou simple amateur supporter de ce groupe attachant.
Les adaptations des divers groupes de mammifères terrestres, volants, planants, coureurs, marins, fouisseurs, arboricoles, nageurs, c'est selon, représentent un grand volet de leur biologie. Elles introduisent donc toute une série de questions, toujours bien choisies, qui débouchent sur les régimes alimentaires, les stratégies de recherche, parfois si complexes et tellement différentes entre un généraliste ou un spécialiste, un herbivore ou un prédateur.
L'anatomie peut faire comprendre bon nombre de réponses. Le seul exemple des dents explique le présent et raconte l'histoire du groupe grâce à leur bonne conservation en tant que fossiles. Il s'y ajoute la qualité et la diversité des sens des mammifères, qu'il s'agisse de trouver un partenaire ou de fuir une menace. Le champ d'études offert est immense, comme les questions dédiées. Le sonar des uns, les infrasons des autres, l'odorat difficilement imaginable des canidés ou des ours, ou encore l'ouïe de certains ongulés, rendent par comparaison nos capacités humaines assez modestes.
Comme toujours, les exceptions fascinent. Les mammifères qui pondent des œufs rappellent peut-être un très ancien passé. Or nous avons la chance de pouvoir encore croiser ornithorynques et échidnés du côté de l'Australie et de la Nouvelle-Guinée. La poche des marsupiaux, qu'elle s'ouvre vers l'avant et le haut ou l'arrière et le bas, intrigue tout autant. Les autres, les plus nombreux, les placentaires, offrent des durées de gestation allant de 16 jours (hamster doré) à 22 mois (éléphants). Impressionnant.

Aujourd'hui, les découvertes les plus étonnantes sont probablement celles découlant des études sur les comportements, l'éthologie. De nombreuses espèces sont sociales, ont développé des langages complexes – même s'ils ne sont pas parlés – pour communiquer, savent utiliser des outils, font preuve d'empathie les uns envers les autres. Au sein de certaines espèces, on peut même parler de cultures différentes, propres à certaines zones géographiques et à certains environnements.
Tout cela rend d'autant plus triste le sort que nous réservons à trop d'espèces. Année après année, le nombre de mammifères menacés de disparition ne cesse de croître. La démographie humaine galopante se traduit par l'effondrement quasi systématique de toutes les grandes espèces, quelle que soit la raison évoquée. Dans trop de régions du monde, les mammifères domestiques ont pris le pas sur les sauvages. Le sort réservé aux animaux d'élevage n'est pourtant pas si enviable. La domestication de quelques espèces de mammifères ouvre d'ailleurs un autre sujet de questionnement. Au final, le rapport de force entre les uns et les autres est assez préoccupant. Aujourd'hui, 90 % de la biomasse des mammifères terrestres seraient constitués du total mammifères domestiques + humains ! L'ensemble des mammifères sauvages n'en représenterait plus que 10 %[3] ! Il est plus que temps d'en prendre conscience et de réagir.
Les mammifères sont donc bien plus que des animaux ! La dernière question, qui restera en suspens, concerne les humains : puisque ces derniers sont clairement des mammifères, sont-ils aussi des animaux ?

François Moutou
Docteur vétérinaire
Président d'honneur de la Société française pour l'étude et la protection des mammifères

---

1. Francesca Arena, Yasmina Foehr-Janssens, Francesca Prescendi (2017). Avant-propos. Allaitement entre humains et animaux : représentations et pratiques de l'Antiquité à aujourd'hui. Anthropozoologica, 52 (1): 7-15.

2. Londa Schiebinger (1993). Why mammals are called mammals : gender politics in eighteenth century natural history. The American Historical Review, 98 (2): 382-411.

3. Vaclav Smil (2011). Harvesting the Biosphere: The Human Impact. Population and Development Review, 37 (4): 613-636.

À la rencontre des mammifères

1 Qu'est-ce qu'un mammifère ?

Quand on regarde l'extraordinaire diversité des mammifères, il est légitime de se demander pourquoi les scientifiques ont décidé de les classer ensemble. Qu'ont en effet en commun un ornithorynque, une chauve-souris, une baleine et un tatou ? Pas si évident que cela quand on sait qu'il a fallu attendre le XVIIIe siècle pour que les chauves-souris ne soient plus classées avec les oiseaux, et les cétacés avec les poissons. La réponse est en partie dans le nom même désignant ce groupe d'animaux. En 1757, Linné a employé pour eux le nom scientifique *mammalia*, en référence aux mamelles que les femelles de ces derniers portent, pour la plupart. Alexandre Brongniart créa en 1792 le mot français « mammifères » (littéralement : qui porte des mamelles). Il est vrai que ni le père de la classification binomiale, ni le grand naturaliste parisien ne connaissaient à l'époque les échidnés et l'ornithorynque, qui n'en possèdent pas. Aujourd'hui, on admet un ancêtre commun à tous les mammifères.

Quatre caractères distinguent les mammifères des autres animaux : le lait, les poils, les osselets de l'oreille moyenne et les dents différenciées.
Les femelles allaitent toutes leurs petits. Le lait est produit par des glandes mammaires qu'on ne trouve que chez les mammifères. Les petits échidnés et ornithorynques lèchent le lait au niveau de deux zones glandulaires réparties de part et d'autre de l'abdomen de la mère (voir question 29). Les petits des autres mammifères tètent le lait délivré par des mamelles à l'intérieur desquelles se trouvent les glandes mammaires.
Au moins au stade fœtal ou à la naissance, ils portent des poils dont la structure et la composition sont caractéristiques (ils sont différents de ceux des insectes ou des araignées, par exemple). Ces poils sont produits au niveau de l'épiderme et sont essentiellement composés de kératine (voir question 2).
Leur oreille moyenne comporte trois osselets : le stapes (ou étrier), l'incus (ou enclume) et le malleus (ou marteau). Les autres vertébrés possédant une oreille moyenne n'en comptent qu'un (le stapes).
Ils portent des dents différenciées dont la forme, parfois complexe, dépend de la fonction : les incisives, les canines, les prémolaires et les molaires. Une même mâchoire porte en principe différentes sortes de dents (hétérodontie). Toutefois, certaines espèces ont perdu au cours de leur évolution les catégories de dents dont elles n'avaient pas l'usage, et n'en portent parfois plus qu'une sorte (voir question 19) ! Les odontocètes (cétacés à dents) font exception : leurs dents ne sont généralement pas différenciées : leur forme est simple et elles sont presque identiques (homodontie). Mais c'est un caractère acquis au cours de l'évolution.
Les mammifères partagent d'autres caractères, mais qui ne leur sont pas propres. Comme les amphibiens, les reptiles et les oiseaux, ils possèdent deux paires de membres. Avant 1757, Linné classa d'ailleurs les mammifères parmi les *Quadrupedia*. Ces membres ont cependant régressé chez certaines espèces au cours de leur évolution. Tout comme les reptiles et les oiseaux, les embryons des mammifères se développent dans un sac amniotique (amnios). À l'instar des oiseaux, ils possèdent un cœur à quatre cavités, et peuvent maintenir leur température constante (homéothermie) à l'aide de leur propre métabolisme (endothermie).

2 Les mammifères sont-ils tous à poils ?

Le poil est une production dermique constituée notamment de kératine et formée d'une tige et d'un bulbe. Il se compose généralement d'une cuticule (couche externe formée de cellules mortes), d'un cortex (pouvant être pigmenté) et d'une medulla (absente chez certaines espèces). La présence de poils sur tout ou une partie du corps d'un animal est une des caractéristiques originelles des mammifères (voir question 1). Cette particularité a néanmoins évolué au cours du temps. En effet, le rat-taupe nu (*Heterocephalus glaber*) et la chauve-souris chiromèle nu (*Cheiromeles torquatus*) sont des mammifères presque totalement glabres ! De même, chez les cétacés, les poils ont quasiment complètement disparu, bien qu'ils persistent parfois au niveau des mâchoires, notamment chez la baleine des Basques (*Eubalaena glacialis*) ou chez les juvéniles au niveau de la moustache. Chez d'autres espèces, ils se sont transformés pour devenir des piquants chez les hérissons et porcs-épics (voir question 4) ou des écailles chez les pangolins.

Il existe généralement deux types de poils. Les poils de bourre, fins et courts, forment un duvet et sont recouverts de poils plus longs, grossiers et pigmentés : les poils de jarre. Ces derniers varient beaucoup d'une espèce à l'autre. Que ce soit au niveau de la couleur ou de la texture : soyeux chez la taupe et rêches chez le sanglier (*Sus scrofa*) ; de la morphologie : légèrement ondulés chez le chevreuil (*Capreolus capreolus*), raides chez le blaireau (*Meles meles*) et laineux chez le mouflon d'Arménie (*Ovis gmelinii*) ; de leur quantité : environ 150 000 poils/cm^2 pour la loutre de mer (*Enhydra lutris*), tandis que l'homme en compte autant mais sur toute sa tête ! Ainsi, la description précise d'un poil de jarre permet parfois une identification spécifique. Il faut pour cela observer le poil dans toute sa longueur (taille, couleur, aspect), mais aussi regarder la disposition des cellules de sa *medulla via* un microscope, et la forme des écailles de sa cuticule.

Les poils de bourre, eux, sont similaires d'une espèce à l'autre ; seule leur quantité peut évoluer selon les saisons. Chez certains mammifères dont le cheval, le pelage n'est constitué que des poils de jarre. Ces espèces sont dites à poils ras. Chez d'autres, comme le mouton (*Ovis aries*), il peut ne rester que du poil de bourre (selon les sélections faites par l'homme).

3 À quoi servent leurs poils ?

Les poils remplissent de multiples fonctions dont la principale reste la thermorégulation. Le pelage protège en effet le corps de la chaleur ou du froid *via* une quantité variable de poils de bourre, en fonction de la température, mais aussi grâce à un autre processus : la « chair de poule » (expression issue de l'aspect de la peau semblable à celle d'une volaille déplumée) ! Lorsque la température rafraîchit, les muscles horripilateurs des poils se contractent, provoquant ainsi le redressement du poil. Cela permet de former une couche d'air isolante à la surface de la peau et ainsi de conserver la chaleur près du corps.

La fourrure des mammifères sert aussi de camouflage, comme le prouvent les ocelles du pelage du léopard (*Panthera pardus*), difficilement distinguable dans un sous-bois. De plus, ce camouflage peut varier en fonction du milieu, des saisons ou de l'âge des animaux. Ainsi l'hermine (*Mustela erminea*), brune en été, revêtira une robe blanche en hiver pour se fondre dans la neige environnante (voir question 66).

Les poils permettent aussi de mieux capter certaines odeurs, notamment les phéromones, substances favorisant l'attraction sexuelle entre deux individus. Ils servent également de filtre limitant la pénétration des ultraviolets, de poussières ou d'autres corps étrangers (par exemple les cils ou les poils de nez). Les vibrisses ont un rôle particulièrement important dans la détection et le transfert d'informations sensorielles (voir question 64).

Grâce à son pelage parfois teinté de vert, l'aï (*Bradypus tridactylus*) peut se camoufler aisément.

4 Les hérissons sont-ils les seuls mammifères à avoir des piquants ?

Le monde vivant ne manque pas de piquants. Parmi ceux qui en sont les mieux pourvus, on pense bien sûr aux châtaignes ou aux oursins, mais aussi aux hérissons, qu'on pourrait facilement comparer aux deux premiers quand ils se roulent en boule. Ces piquants constituent une redoutable armure contre tout agresseur.

Les hérissons ne sont pas les seuls mammifères ayant acquis ce moyen de défense au cours de l'évolution. Ce qui est remarquable, c'est qu'il est apparu dans des groupes d'espèces très différents, donc indépendamment. Dans tous les cas, cependant, les piquants (ou épines) sont des poils modifiés (voir questions 2 et 5).

Les rongeurs offrent peut-être le plus d'exemples d'espèces pourvues de piquants. Les plus spectaculaires d'entre eux sont les porcs-épics de l'Ancien Monde. Ils appartiennent à la famille des hystricidés. Les espèces du genre *Hystrix* peuvent atteindre une longueur de 80 cm et dépasser le poids de 20 kg ! Leur dos est couvert de longues épines (jusqu'à 40 cm de long). Stressé par la présence d'un prédateur potentiel, le porc-épic redresse ses piquants et les longues soies qui couvrent sa tête, l'ensemble formant une crête qui a d'ailleurs valu à l'une des espèces d'être nommée *Hystrix cristata*. Il se déplace alors de façon à ce que l'extrémité pointue de ses piquants soit dirigée vers la source du danger. L'effet est double : le porc-épic paraît plus gros et il rappelle à son adversaire qu'il vaut mieux ne pas trop se frotter à lui. Il frappe même le sol avec ses pieds afin de l'impressionner encore plus. Mais ça ne marche pas toujours. S'il le faut, il chargera en cherchant à planter ses piquants dans la chair de l'adversaire. À la différence des hérissons, ceux-ci se détachent facilement du corps du porc-épic et, contrairement à la légende, ils ne sont pas projetés. Même les lions évitent une confrontation qui pourrait leur laisser un douloureux souvenir.

D'autres gros rongeurs, ressemblant étrangement aux porcs-épics de l'Ancien Monde, vivent en Amérique. Ils sont aussi appelés porcs-épics mais appartiennent cependant à une autre famille : les éréthizontidés. Leurs piquants sont moins spectaculaires mais tout aussi efficaces. Le porc-épic d'Amérique (*Erethizon dorsatum*) en possède plus de

30 000 répartis sur le dos et la queue. Il les hérisse également en cas de danger, tourne le dos à son adversaire et lui assène de vigoureux coups avec sa queue épineuse. Tout comme ceux de leurs cousins de l'Ancien Monde, les piquants des porcs-épics du Nouveau Monde se détachent facilement une fois plantés dans la chair de l'ennemi. Mais ils sont plus terribles : leurs pointes sont dotées de barbillons qui les rendent difficiles à enlever du corps de leurs victimes.

De nombreux autres rongeurs, de plus petite taille, possèdent sur le dos, mélangés au pelage, des piquants qu'ils peuvent hérisser en présence d'un prédateur. On les regroupe sous le nom de rats épineux, bien qu'ils appartiennent à des familles différentes : principalement les échimyidés (en Amérique centrale et du Sud) et les muridés (en Europe, Afrique et Asie). Le rat épineux de Crète (*Acomys minous*) est le seul représentant de ce groupe de mammifères en Europe. Les souris du genre *Heteromys* (famille des hétéromyidés) portent également des poils raides et piquants sur la croupe.

Un autre groupe de mammifères rassemble des espèces portant des piquants, dont certaines ressemblent à s'y méprendre à des hérissons : les tenrecs. Le grand tenrec-hérisson (*Setifer setosus*) et le petit tenrec-hérisson (*Echinops telfairi*) se roulent en boule en cas de danger. Quant aux hémicentètes, ils utilisent plutôt la technique de combat des porcs-épics : ils cherchent à planter leurs piquants détachables dans la chair de leurs agresseurs.

Les plus étranges des mammifères épineux vivent en Australie et en Nouvelle-Guinée : les échidnés.

Cet échidné à nez court (*Tachyglossus aculeatus*) est en position de défense.

À l'instar des hérissons ou des porcs-épics, ces monotrèmes (des espèces qui pondent des œufs mais allaitent leurs petits) portent des piquants érectiles, rigides et pointus, implantés dans un muscle plat couvrant les flancs et le dos : le *panniculus carnosus*. Les échidnés peuvent ne contracter que certaines zones de celui-ci, pointant ainsi vers l'adversaire les piquants situés de ce côté, voire les lui enfonçant dans la chair. L'un d'entre eux, l'échidné à nez court (*Tachyglossus aculeatus*), ressemble vraiment à notre hérisson lorsqu'il se roule en boule. Mais le *panniculus carnosus* lui permet bien d'autres prouesses s'il est attaqué par un prédateur et qu'il ne peut trouver un abri. Sur un substrat meuble, il replie sa tête et ses membres sous son corps afin de ne présenter à son adversaire que son armure épineuse. Mais ses pattes restent assez libres pour qu'il puisse creuser le sol et s'enfouir. Sur un substrat rocheux, il se loge dans une anfractuosité et s'ancre solidement en enfonçant par pression musculaire ses épines dans les moindres aspérités. Le prédateur aura toutes les peines à l'en déloger.

5 Qu'est-ce qu'un piquant ?

Chez les mammifères, les piquants sont des poils modifiés. Ils sont essentiellement composés de kératine. Leur structure est variable suivant les groupes d'espèces (voir question 2). Par exemple, le piquant des hérissons est constitué de plusieurs poils ayant fusionné. Il est presque creux. L'intérieur des piquants des porcs-épics du Nouveau Monde est spongieux. Les piquants jouent essentiellement un rôle de défense contre les prédateurs, la thermorégulation étant surtout assurée par des poils non modifiés. Mais certains ne servent pas à se défendre. Les porcs-épics du genre *Hystrix* portent sur la queue des piquants creux qui produisent un son lorsqu'ils s'entrechoquent. Les hémicentètes (sortes de tenrecs) produisent des ultrasons en frottant leurs piquants, ce qui leur permet de communiquer.

Piquants du hérisson d'Europe (*Erinaceus europaeus*).

6 Les mammifères voient-ils les couleurs ?

L'idée que les mammifères, hormis les primates, ne verraient pas les couleurs, est assez répandue. Selon l'un des arguments avancés, les premiers d'entre eux étaient probablement nocturnes. Mais les études menées ces dernières années sur la vision des mammifères ont révélé une situation beaucoup plus complexe.

Chez les vertébrés, la vision des couleurs est permise par la présence, au niveau de la rétine, de cellules photoréceptrices en forme de cône. Il en existe 5 types, sensibles à des longueurs d'onde différentes. Pour percevoir les couleurs, il faut au moins 2 types de cônes. La rétine des vertébrés contient également une seconde catégorie de cellules visuelles, très sensibles à la lumière et au mouvement mais n'intervenant pas (ou peu) dans la perception des couleurs : les bâtonnets. Qu'en est-il chez les mammifères ? On retrouve chez eux 4 des 5 types de cônes, mais aucune espèce n'a les 4 à la fois. Ces cellules sont beaucoup moins nombreuses que les bâtonnets. Par exemple, chez l'homme, elles ne représentent que 5 % des cellules visuelles. Ceci ne l'empêche toutefois pas d'avoir une très bonne vision des couleurs. La présence de plusieurs types de cônes sur la rétine d'un grand nombre de mammifères nous suggère donc que ces derniers, à l'instar de l'homme, voient aussi les couleurs. Mais leur capacité à les percevoir varie d'une espèce à l'autre et dépend de leur mode de vie.

Les espèces les plus nocturnes ne possèdent pratiquement que des bâtonnets et n'ont qu'un type de cône. En conséquence, elles ont une bonne vision dans la pénombre mais elles ne perçoivent pas les couleurs. C'est le cas des singes de la famille des aotidés : les douroucoulis, ou singes hiboux. Alors que tous les autres singes sont diurnes et perçoivent les couleurs, ceux-ci sont nocturnes et ont une vision monochromatique. En fait, quand l'intensité lumineuse est faible, les cônes sont très peu stimulés, et même les espèces aptes à voir les couleurs ont une vision en noir et blanc.

La plupart des mammifères aquatiques (les cétacés et les pinnipèdes) n'ont également qu'un seul type de cône. Eux aussi sont monochromates et perçoivent très peu les couleurs.

Singe hurleur roux (*Alouatta seniculus*).

A contrario, certains mammifères diurnes, en particulier des marsupiaux australiens et des primates, sont trichromates. Leur rétine contient 3 types de cônes, sensibles respectivement aux ondes courtes (principalement le bleu), moyennes (principalement le vert) et longues (principalement le jaune, mais aussi le rouge). L'ensemble de ces cellules capte les longueurs d'onde généralement comprises entre 400 nm et 700 nm, ce qui confère à ces mammifères une riche perception des couleurs. Chez quelques primates, dont les propithèques et les singes du Nouveau Monde, seules les femelles peuvent être trichromates. Chez ces derniers, le singe hurleur fait exception, les mâles pouvant également être trichromates. Les singes de l'Ancien Monde sont tous trichromates, comme l'homme.

Mais la plupart des mammifères diurnes ou actifs tant le jour que la nuit ont une vision dichromatique (seulement 2 types de cônes, ceux sensibles aux ondes courtes et moyennes). Leur vision des couleurs est amoindrie, le rouge n'étant pas perçu et le jaune l'étant peu. Ainsi, des vêtements orange n'attireront pas particulièrement l'attention d'un chevreuil si le chasseur qui les porte reste immobile. De même, lors d'une

corrida, c'est le mouvement de la muleta qui provoquera l'attaque du taureau et non sa couleur rouge. Les espèces à vision dichromatique peuvent toutefois percevoir des couleurs invisibles aux humains, dont la vision est pourtant trichromatique. Les cervidés ou de nombreux rongeurs voient les ultraviolets. C'est également le cas de marsupiaux, de chauves-souris et, semble-t-il, de l'aye-aye (*Daubentonia madagascariensis*).
Beaucoup de mammifères voient donc les couleurs, qu'ils soient dichromates ou trichromates. Mais ce ne sont pas eux qui en ont la meilleure perception : la plupart des autres vertébrés (poissons, amphibiens, reptiles, oiseaux) ont une vision tétrachromatique !

7 Les baleines sont-elles des vaches de mer ?

En anglais, la baleine femelle est souvent appelée *cow*, le mâle *bull* et le jeune *calf*, soit respectivement : vache, taureau et veau. D'où vient ce curieux vocabulaire ? Il faut retourner en l'an 1725 pour trouver une explication. Dans un essai sur l'histoire naturelle des baleines paru cette année-là dans les transactions philosophiques de la Société royale de Londres, Paul Dudley, naturaliste de Nouvelle-Angleterre, écrit : « Les baleines engendrent à peu près de la même manière que notre gros bétail. Aussi leur donne-t-on le nom de taureau, de vache et de veau. »
À première vue, les ressemblances entre les cétacés et les vaches restent très limitées et ne vont guère plus loin que le constat fait par les baleiniers contemporains de Dudley. Difficile en effet de trouver un air de famille entre une baleine et notre sympathique bovidé ! Et pourtant... Dès la fin du XVIIIe siècle, le chirurgien et anatomiste John Hunter remarquait des analogies entre certains organes des ruminants et des cétacés, en particulier l'estomac, constitué de plusieurs compartiments, et les organes reproducteurs.
Un siècle plus tard, le zoologiste William Henry Flower émit à nouveau l'hypothèse qu'ongulés et cétacés étaient étroitement apparentés. Il nota en particulier la similitude entre le crâne du *Basilosaurus* (appelé *Zeuglodon* à cette époque),

un ancêtre des baleines vivant à la fin de l'Éocène, et ceux d'ongulés primitifs ressemblant à des cochons. À la fin de son exposé, Flower resta toutefois très prudent sur les origines qu'il prêtait aux cétacés, rappelant qu'il ne s'agissait que de spéculations et que seules les futures découvertes de fossiles pourraient confirmer ou infirmer son hypothèse. Ceux trouvés par la suite au cours du XXe siècle lui donnèrent peu à peu raison...

Ce sont en fait les nombreuses études moléculaires menées à partir de 1991 qui ont permis de mieux comprendre l'histoire évolutive des cétacés et de démontrer leur proximité phylogénétique étroite avec les artiodactyles (ongulés à doigts pairs), et plus particulièrement les hippopotames. Il faudra attendre 2001 et l'étude de *Pakicetus*, un archéocète (cétacé primitif) découvert au Pakistan, pour qu'un fossile confirme les résultats des études génétiques. Ce mammifère a vécu durant l'Éocène inférieur, il y a environ 50 millions d'années. Il menait une vie semi-aquatique et son régime alimentaire était carnivore.

C'était un animal coureur digitigrade. Le plus remarquable est la forme de son astragale, un os de la cheville, qui présente une double poulie au niveau de son articulation avec le tibia. Ce dispositif augmente la mobilité de la cheville lorsque l'animal court. Un tel astragale ne se retrouve que chez les artiodactyles. Pourtant, certains caractères anatomiques, en particulier un épaississement osseux de la région auditive et des incisives supérieures alignées longitudinalement, le placent sans conteste parmi les cétacés. *Pakicetus* confirme donc les liens de parenté étroits entre les cétacés et les artiodactyles. Ceci a récemment conduit les scientifiques à classer ces deux groupes taxonomiques dans un même ordre : les cétartiodactyles.

8 Dauphin ou requin ?

Il vous est peut-être déjà arrivé, alors que vous nagiez avec insouciance dans les eaux paisibles d'une mer enchanteresse, de voir brusquement surgir un aileron à la surface. Vous avez alors rapidement regagné la rive sans demander votre reste. Mais au fait, qu'était-ce : dauphin ou requin ?

Dauphins et requins sont des vertébrés dont la ressemblance est le fruit d'une convergence évolutive. Leur corps est profilé pour mieux pénétrer l'eau (silhouette hydrodynamique). Une grande nageoire dorsale favorise la stabilisation, et des nageoires pectorales servent de gouvernail. La nageoire caudale assure la propulsion. Mais une différence fondamentale permet au premier coup d'œil de les différencier lorsqu'on les observe sous l'eau : la nageoire caudale est sur un plan horizontal chez les dauphins (et chez tous les cétacés), alors qu'elle est verticale chez les requins. Pour avancer, les dauphins bougent leur queue alternativement de haut en bas et de bas en haut, alors que les requins la déplacent de gauche à droite et de droite à gauche. Par ailleurs, les requins possèdent le plus souvent une 2de nageoire dorsale plus près de la base de la queue et des nageoires pelviennes (au niveau du bas-ventre).

Grand dauphin de l'Indo-Pacifique (*Tursiops aduncus*) montrant son dos.

Vu depuis la surface, d'un bateau par exemple, la différence est moins évidente si on ne voit qu'un aileron sortir de l'eau. Toutefois, quand un requin nage juste sous la surface, laissant apparaître sa grande nageoire dorsale, l'extrémité supérieure de sa queue émerge également très souvent, donnant l'illusion d'un 2^d^ aileron plus petit placé à l'arrière de l'animal. Attention toutefois à ne pas confondre deux dauphins qui se suivent avec un requin ! Un autre critère pourra alors vous aider : fréquemment, le dos des dauphins émerge légèrement lorsqu'ils nagent en surface, ce qui n'est pas le cas des requins. Enfin, les dauphins nagent selon une trajectoire légèrement ondulante par rapport à la surface, leur aileron dorsal puis leur dos émergeant par intermittence. La nage des requins est plus rectiligne et leur aileron reste plus longtemps émergé.

Le dos du requin citron (*Negaprion brevirostris*) n'émerge pas quand il nage en surface.

9 Quelles différences y a-t-il entre des bois et des cornes ?

À l'image des bisons, gazelles et bouquetins, de magnifiques ornements peuvent embellir les têtes des cerfs, rennes et élans. Tandis que les premiers sont parés de cornes, les seconds portent des bois ! Et, pour l'éléphant, le narval (cétacé) ou le phacochère, ce ne sont ni des bois ni des cornes qui parent leurs têtes, mais certaines de leurs dents qui sont très développées.
Les cornes poussent sur la tête des bovidés (gazelles, antilopes, isards, mouflons...), des antilocapridés (pronghorn) et des rhinocérotidés (rhinocéros), alors que les bois sont l'apanage des cervidés (chevreuils, cariacous, daims...).
Étuis formés de kératine qui recouvrent, la plupart du temps, une base osseuse, les cornes sont creuses, sauf chez les rhinocérotidés. Chez ces derniers, la kératine ne recouvre pas une base osseuse : la corne n'est qu'une agglomération de filaments de kératine agglutinés au-dessus de papilles dermiques.
Les cornes sont généralement présentes chez les deux sexes mais peuvent avoir des tailles et formes différentes selon les genres. Ainsi, celles du bouquetin mâle peuvent atteindre plus de 1 m, alors que celles de la femelle dépasseront à peine les oreilles.
Chez les bovidés et les rhinocérotidés, les cornes sont pérennes et à croissance continue, tandis qu'elles tomberont chaque année chez le pronghorn (*Antilocapra americana*), seule espèce d'antilocapridé.
Organes osseux vascularisés, les bois ne se trouvent généralement que chez les mâles. Ils peuvent alors mesurer de quelques centimètres (30 cm pour le chevreuil *Capreolus capreolus*) à plus de 2 m (2,29 m atteints pour l'élan (*Alces alces*). Le renne (*Rangifer tarandus*) et l'hydropote chinois (*Hydropotes inermis*) font figure d'exception. En effet, la femelle du renne porte aussi des bois, bien qu'ils soient nettement plus petits que ceux du mâle, et à l'inverse une absence de bois est notée chez les deux sexes de l'hydropote.
Les bois sont caducs. Ils tombent chaque année à la période du rut, et repoussent ensuite. Chez les mammifères, c'est le seul organe à se régénérer intégralement. Pendant leur croissance, un tissu tégumentaire les recouvre afin d'assurer leur vascularisation, leur innervation et leur protection. Lorsque les bois ont fini de croître, ce velours se dessèche et les cervidés s'en séparent en se frottant contre les troncs d'arbres. Les bois ne sont alors vascularisés qu'en interne au travers du pivot.

10 Les lapins sont-ils des rongeurs ?

À première vue, il est tentant de classer les lapins et les lièvres dans l'ordre des rongeurs. Leurs dentures se ressemblent beaucoup. On observe sur chaque mâchoire de grandes incisives terminées en biseau, pas de canine et un diastème (espace sans dent) entre les incisives et les prémolaires. Les deux groupes rongent certains de leurs aliments (racines, tubercules, écorces, plantes ligneuses). La confusion qui découle de ces analogies se retrouve d'ailleurs dans les noms que les colons européens ont pu donner à certaines espèces de mammifères d'Amérique du Sud ou d'Afrique australe qui leur évoquaient ceux de leur continent d'origine.

Ainsi, le mara de Patagonie (*Dolichotis patagonum*), gros rongeur sud-américain de la famille des caviidés, est aussi appelé lièvre de Patagonie. Ses grandes oreilles, sa queue courte et sa façon de s'asseoir sur ses grandes pattes arrière, l'avant du corps en appui sur ses pattes antérieures, y sont certainement pour beaucoup. En Afrique australe vit un rongeur de taille moyenne appelé lièvre sauteur du Cap (*Pedetes capensis*). Il diffère pourtant des lièvres par ses pattes avant très petites, sur lesquelles il ne prend que très rarement appui, et surtout par sa très longue queue. Il évoque en fait plutôt un petit

Le mara de Patagonie (*Dolichotis patagonum*) est appelé aussi lièvre de Patagonie.

kangourou, tant par sa silhouette que par son mode de locomotion (progression par bonds). La classification d'un rongeur des Andes de la famille des chinchillas, la viscache des montagnes (*Lagidium viscacia*), a fait l'objet de la plus grande confusion. En effet, le naturaliste Juan Ignacio Molina, un prêtre jésuite chilien réfugié en Italie, le décrivit en 1782 sous le nom de *Lepus viscacia*. Autrement dit, il classa par erreur cette espèce parmi les lièvres.

Un détail anatomique caractéristique distingue pourtant les lièvres des rongeurs : comme les lapins et les pikas, ils possèdent 4 incisives supérieures (contre 2 chez les rongeurs). C'est la raison pour laquelle le zoologiste allemand Johann Friedrich Brandt créa pour eux en 1855 l'ordre des lagomorphes. La deuxième paire d'incisives, beaucoup plus petite, est située en arrière de la première. Ainsi, ces 4 incisives ne sont pas disposées sur une même rangée, comme c'est habituellement le cas. Ce caractère unique fait que les lagomorphes sont parfois aussi appelés « duplicidentés », les rongeurs étant alors des « simplicidentés ». Un autre caractère, moins visible, est l'absence d'os pénien (baculum) chez les mâles des lagomorphes, alors qu'il est présent chez la plupart des espèces de rongeurs.

Les pikas, les lapins et les lièvres ont été classés avec les rongeurs jusqu'au milieu du XIXe siècle à cause de leur grande ressemblance avec ces derniers. En fait, cette conception de la classification n'est pas si erronée. Des études génétiques récentes ont montré un lien de parenté étroit entre les lagomorphes et les rongeurs, de telle sorte qu'on les place aujourd'hui dans un même groupe taxonomique : les glires.

11 Les lémuriens sont-ils des singes ?

Tout le monde sait que les singes sont des primates. Mais tous les primates ne sont pas des singes ! Les scientifiques divisent les primates en deux grands ensembles.

Les plus primitifs, à l'instar de la plupart des mammifères, ont une lèvre supérieure fendue en son milieu, formant deux lobes, et portent des vibrisses. Mais surtout, ils arborent un museau plus ou moins développé terminé par une truffe (rhinarium). Ce dernier est dépourvu de poils, sa surface est humide et un profond sillon (philtrum) sépare les deux narines. Ils constituent le sous-ordre des strepsirrhiniens. Les lémuriens en font partie avec les loris et les galagos. Certains, comme le célèbre lémur catta (*Lemur catta*) du dessin animé *Madagascar*, portent un long museau, qui leur donne plus une tête de chien que de singe.

Le second groupe est constitué des tarsiers et des singes. Ceux-ci possèdent un nez, bien différent du rhinarium, ce qui est unique chez les mammifères. D'autres caractères les différencient des primates du premier groupe : les deux lobes de leur lèvre supérieure sont soudés et les vibrisses sont absentes. Ils forment le sous-ordre des haplorrhiniens. Les tarsiers ont de très longues cuisses et leur face n'est pas dénudée, ce qui les distingue des singes.

Parmi les 480 primates, 139 espèces ne présentent donc pas les caractères propres aux singes, dont 97 lémuriens.

Et, d'après vous, l'homme est-il un singe ?

Cet indri (*Indri indri*), comme tous les lémuriens, arbore un museau terminé par une truffe.

12 Trouve-t-on les mêmes sortes de singes dans l'Ancien et le Nouveau Monde ?

La théorie de la dérive des continents, dont Alfred Wegener est le père, est à la géologie, à la phylogénie et à la biogéographie ce que la théorie de la relativité est à la physique : elle permet d'expliquer un grand nombre d'événements (tremblements de terre, volcanisme...) et de situations. Elle est en particulier incontournable pour reconstituer l'histoire évolutive des espèces depuis l'éclatement de la Pangée à la fin du Trias, il y a environ 185 millions d'années. Prenons l'exemple des singes.

Plusieurs hypothèses tentent d'expliquer la radiation des primates, c'est-à-dire leur diversification. Bien que repoussant considérablement dans le temps les dates obtenues à partir des fossiles ou de l'horloge moléculaire, la plus séduisante d'entre elles, proposée par Michael Heads en 2009, s'appuie sur l'histoire des continents. Selon ce modèle, les primates seraient apparus au tout début du Jurassique inférieur, il y a 200 millions d'années, juste après que le Gondwana s'est séparé de la Laurasia. Le Gondwana regroupait à cette époque en un seul bloc ce qui constitue aujourd'hui l'Amérique du Sud, l'Afrique (Madagascar inclus), la péninsule Arabique, l'Inde, l'Antarctique et l'Australie. Les singes et les tarsiers se seraient différenciés des autres primates (lémuriens, ayes-ayes, galagos et loris) dans le nord et la moitié ouest du Gondwana, à la fin du Jurassique inférieur, après un événement volcanique. Enfin, les singes du Nouveau Monde et ceux de l'Ancien Monde auraient divergé au Crétacé inférieur, il y a 130 millions d'années, lorsque l'Amérique du Sud s'est séparée de l'Afrique. Cette hypothèse nécessite néanmoins d'être confortée par la paléontologie, les fossiles découverts jusqu'à présent suggérant plutôt que cette divergence aurait eu lieu il y a 50 millions d'années.

Un singe de l'Ancien Monde, le babouin doguera (*Papio anubis*), aux narines débouchant frontalement.

Quoi qu'il en soit, les singes de l'Ancien Monde et ceux du Nouveau Monde ont probablement évolué indépendamment pendant plusieurs dizaines de millions d'années. Aujourd'hui, ces deux ensembles de singes diffèrent par au moins une dizaine de caractères. Le plus remarquable d'entre eux est la forme de leur nez. Les singes du Nouveau Monde ont un nez aplati, les narines s'ouvrant latéralement. Ceux de l'Ancien Monde ont un nez plus saillant avec des narines débouchant frontalement. Par ailleurs, les singes du Nouveau Monde ont tous une longue queue, parfois préhensile, alors que la queue n'est pas toujours présente chez les singes de l'Ancien Monde et n'est jamais préhensile. Notons enfin que le pouce des singes du Nouveau Monde est généralement peu opposable, voire presque absent chez certaines espèces, contrairement à celui des singes de l'Ancien Monde (les colobes n'ont toutefois pas de pouce). Il est intéressant à cet égard de comparer deux familles réunissant des espèces hautement arboricoles : les atèles (atélidés), vivant en Amérique centrale et du Sud, et les gibbons (hylobatidés) d'Asie du Sud-Est. Les premiers possèdent une grande queue préhensile et un pouce très réduit. Les seconds n'ont pas de queue et ont des pouces opposables.

13 Les marsupiaux vivent-ils uniquement en Australie ?

La théorie de la dérive des continents est d'une aide précieuse pour comprendre la répartition actuelle des grands groupes de mammifères. Bien que tous les scientifiques ne soient pas d'accord, elle explique par exemple assez bien pourquoi les grands singes anthropoïdes, hormis l'homme, sont absents d'Amérique (voir question 12). Un autre exemple nous est donné par les marsupiaux.

Leur principale caractéristique est la naissance prématurée du petit qui finit son développement dans une poche ventrale (voir question 28). Les kangourous ou les wallabies, qui vivent en Australie et en Nouvelle-Guinée, en constituent les espèces les plus emblématiques.

Le plus ancien marsupial connu, *Kokopellia juddi*, a été découvert dans l'Utah. Il aurait vécu il y a 95 millions d'années. Mais certains spécialistes considèrent que les marsupiaux seraient apparus au milieu du Jurassique, il y a 170 millions d'années. Le Gondwana étant alors déjà détaché de la Laurasia, les marsupiaux se seraient répandus uniquement dans l'hémisphère nord, gagnant l'Asie. Il y a 90 millions d'années, lors d'une brève rencontre entre les deux Amériques, les marsupiaux, accompagnés de placentaires primitifs, seraient passés au sud. Alors qu'ils disparaissaient en Amérique du Nord (à nouveau isolée), en Europe et en Asie, les marsupiaux auraient continué à coloniser l'Amérique du Sud. De là, ils auraient atteint, il y a environ 65 millions d'années, l'Australie *via* l'Antarctique, ces territoires ne s'étant pas encore détachés du continent américain et bénéficiant d'un climat clément.

Opossum murin (*Marmosa murina*), un marsupial d'Amérique du Sud.

Les placentaires non volants n'ont probablement pas atteint l'Australie à cette période. Une dent fossile témoignerait de l'existence de l'un d'entre eux, *Tingamarra porterorum*, il y a 55 millions d'années, mais les spécialistes considèrent aujourd'hui qu'il s'agit plutôt d'un marsupial. Ainsi, hormis les chauves-souris, il faudra attendre le Pliocène, il y a 5 millions d'années, pour que des rongeurs colonisent l'Australie. Cette absence de placentaires non volants pendant 60 millions d'années a laissé aux marsupiaux la possibilité d'une radiation évolutive spectaculaire. Sur le continent américain, la formation de l'isthme de Panama il y a 15 millions d'années a permis le retour d'un marsupial en Amérique du Nord : l'opossum de Virginie (*Didelphis virginiana*).

Les marsupiaux n'ont pas survécu en Antarctique. Par ailleurs, l'Afrique n'a jamais été colonisée, celle-ci étant déjà séparée de l'Amérique du Sud quand les marsupiaux ont conquis cette dernière. D'autre part, les marsupiaux avaient disparu depuis longtemps d'Eurasie quand l'Afrique a rejoint celle-ci il y a 20 millions d'années. Ainsi, ceux-ci n'habitent plus aujourd'hui que la région australienne et l'Amérique.
Bien que l'Australie soit incontestablement le pays des marsupiaux, tant ceux-ci y sont diversifiés, l'Amérique en est le berceau. Il est d'ailleurs notable que les premiers marsupiaux connus de la science proviennent d'Amérique du Sud et ont été décrits par Linné en 1758, avant même que l'exploration scientifique de l'Australie ne commence vraiment avec Cook en 1770.

14 Les chauves-souris sont-elles les seuls mammifères volants ?

Selon la définition du grand Larousse, voler, c'est « se mouvoir, se maintenir en l'air au moyen d'ailes ». Il ne fait bien sûr aucun doute que les chauves-souris sont des mammifères volants. Leurs ailes leur permettent de se mouvoir activement et avec dextérité dans l'espace aérien, et de s'y maintenir. Elles pratiquent la plupart du temps un vol battu.
Mais qu'en est-il des autres mammifères ? Plusieurs ordres très différents comprennent des espèces capables de planer grâce à une membrane de peau, ou patagium, qui peut se tendre entre les membres écartés latéralement, ce qui constitue un bel exemple de convergence évolutive. Le plus ancien mammifère planeur connu, le *Volaticotherium antiquum*, vivait il y a probablement 164 millions d'années en Mongolie, bien avant les chauves-souris. Mais on compte aujourd'hui à peine 70 espèces planeuses, contre environ 1 200 chiroptères.
Les possums, ou phalangers, des genres *Petauroides* (pseudocheiridés) et *Petaurus* (petauridés) ainsi que les acrobates du genre *Acrobates* (acrobatidés) sont des marsupiaux de l'ordre des diprotodontes vivant en Nouvelle-Guinée et en Australie. Ils possèdent tous un patagium de chaque côté du corps s'étendant du coude ou du poignet à la cheville (plagiopatagium).

Les rongeurs aussi comprennent de nombreuses espèces capables de planer. Les anomalures (anomaluridés) vivent en Afrique tropicale. Les écureuils volants (sciuridés) vivent quant à eux en Amérique centrale et du Nord, dans le nord-est de l'Europe et dans pratiquement toute l'Asie. Ces rongeurs planeurs possèdent tous, en plus des plagiopatagiums, une membrane s'étendant des membres postérieurs à la queue : l'uropatagium. Les écureuils volants portent également des membranes reliant chaque côté du cou aux membres antérieurs (propatagiums). C'est dans cette famille qu'on trouve les plus grands mammifères planeurs, dont le pétauriste roux (*Petaurista petaurista*), qui peut atteindre 1,20 m de long et peser près de 3 kg.

Les mammifères les plus adaptés au vol plané sont incontestablement les dermoptères (colugos ou galéopithèques), à tel point qu'ils ne circulent presque jamais sur le sol. Les deux espèces qui composent cet ordre vivent en Asie du Sud-Est. À l'instar des chauves-souris, ils possèdent non seulement deux propatagiums, deux plagiopatagiums et un uropatagium, mais également des membranes entre les doigts (dactylopatagiums). Les scientifiques ont d'ailleurs longtemps pensé que les dermoptères étaient phylogénétiquement proches des chiroptères. Il n'en est rien : ce sont de proches parents des primates. Le galéopithèque des Philippines (*Cynocephalus volans*) peut effectuer des vols de 140 m d'un arbre à l'autre. À titre de comparaison, le possum volant (*Petauroides volans*) peut parcourir tout au plus 100 m et le polatouche de Sibérie (*Pteromys volans*) 40 m. La finesse de leur vol (distance horizontale parcourue/hauteur perdue) est également remarquable.

Le petit polatouche (*Glaucomys volans*) est un mammifère planeur.

Elle est de 12 chez le galéopithèque des Philippines (12 m parcourus horizontalement pour 1 m de hauteur perdu) contre 2 chez le grand polatouche (*Glaucomys sabrinus*). Les dermoptères devancent même largement les adeptes de base-jump équipés des combinaisons de vol (*wingsuits*) les plus récentes, dont la finesse est de 4.
Les mammifères planeurs arrivent donc à se maintenir en l'air grâce à des sortes d'ailes. Mais ils parviennent tout juste à parcourir brièvement quelques dizaines de mètres dans l'espace aérien, perdant inexorablement de l'altitude. Nocturnes, ils n'exploitent pas les courants aériens comme le font les rapaces, capables de voler longuement sans battre des ailes. Et même si les possums du genre *Petaurus* arrivent à effectuer des virages à 180°, il ne faut pas attendre d'eux beaucoup d'acrobaties aériennes. Les chauves-souris demeurent donc les seuls mammifères véritablement volants.

15 Les chauves-souris volent-elles comme les oiseaux ?

Comme toutes les chauves-souris, le murin de Bechstein (*Myotis bechsteinii*) vole avec ses mains.

Les chauves-souris et les oiseaux sont les seuls vertébrés à pratiquer le vol battu (ou vol ramé). Les membres antérieurs transformés en ailes et actionnés par une puissante musculature génèrent à chaque battement une dépression d'air sous le corps de l'animal, ce qui assure sa portance. Ces similitudes dans la façon de voler des uns et des autres ont conduit les hommes à classer les chauves-souris avec les oiseaux jusqu'au XVIIIe siècle et les travaux de Linné. Mais, outre les caractères propres aux mammifères dont les chauves-souris sont porteuses (voir question 1), un examen comparé des ailes met rapidement en évidence de grandes différences entre ces dernières et les oiseaux.

À l'instar des mammifères planeurs (voir question 14), les ailes des chauves-souris sont constituées d'une membrane composée de deux couches d'épiderme entre lesquelles circulent des nerfs, des vaisseaux sanguins et des fibres musculaires : le patagium. Toutefois, contrairement aux mammifères planeurs, le patagium des chiroptères est nu, ce qui facilite l'écoulement de l'air sur et sous l'aile au cours du vol. Chez les chauves-souris, le patagium s'étend entre les membres et les doigts de la main, à l'exception du pouce qui reste presque libre. Lorsque les membres et les doigts sont écartés, cette membrane se tend, un peu comme la toile du parapluie qu'on ouvre. Les galéopithèques, mammifères planeurs d'Asie du Sud-Est, ont également les doigts palmés, mais, chez les chauves-souris, les doigts des mains sont démesurés, de telle sorte que la membrane interdigitale représente près du tiers de l'aile quand celle-ci est déployée. Le mot chiroptère signifie d'ailleurs « main ailée » (du grec *cheir*, « main », et *pteron*, « aile »).
L'aile des oiseaux est très différente. Il reste seulement 3 doigts vestigiaux à l'extrémité de chaque membre antérieur. Les métacarpes et les carpes (à l'exception de deux carpes) sont fusionnés pour former un carpométacarpe. Cette « main » est donc dénuée d'articulations sauf à sa jonction avec le radius et l'ulna (les deux os formant l'avant-bras chez l'homme). La surface portante de l'aile est assurée par de longues plumes : les rémiges. Les rémiges primaires sont implantées au niveau de cette « main ». Les rémiges secondaires le sont au niveau de l'ulna.
L'aile des chauves-souris est ainsi plus complexe que celle des oiseaux. Les nombreuses articulations, en particulier au niveau des doigts, permettent un grand contrôle de sa forme générale et de la position des diverses parties du patagium, assurant ainsi une souplesse de vol bien supérieure à celle des oiseaux.

16 Les mammifères sont-ils présents partout ?

Présents sur et sous terre, en mer et en rivière, mais aussi dans l'air, les mammifères font preuve d'une très grande plasticité écologique et occupent une importante variété de milieux, d'habitats et de zones climatiques.

Bien que la majorité des mammifères que nous croisons habite des milieux épigés (à la surface de la terre), certains, comme le campagnol souterrain (*Microtus subterraneus*), les taupes (taupe d'Europe *Talpa europaea*, taupe dorée *Eremitalpa granti*, taupe marsupiale du Nord *Notoryctes caurinus*, etc.) et le rat-taupe nu (*Heterocephalus glaber*), vivent essentiellement sous terre. D'autres, tels que les dauphins et baleines, occupent les océans (voir question 58). Le lamantin d'Amérique (*Trichechus manatus*) vit en milieu saumâtre tandis que les desmans (desman des Pyrénées *Galemys pyrenaicus* et desman de Russie *Desmana moschata*) et la crossope aquatique (*Neomys fodiens*) fréquentent les rivières et lacs. La loutre du Canada (*Lontra canadensis*), le vison d'Europe (*Mustela lutreola*) et le putois d'Europe (*Mustela putorius*) apprécient aussi ces milieux d'eau douce, mais passent la majorité de leur temps sur terre. Ce sont des mammifères semi-aquatiques, amphibies. Même le milieu aérien n'est pas laissé pour compte et est peuplé par les chauves-souris !
Des abysses à l'Himalaya, les mammifères sont aussi présents à tous les étages. Le cachalot (*Physeter macrocephalus*) plonge jusqu'à 3 500 m de profondeur, le campagnol des neiges (*Chionomys nivalis*) peut vivre au-delà de 3 000 m, mais le record revient au yak (*Bos grunniens*), qui grimpe jusqu'à 5 500 m d'altitude au Tibet.
On trouve aussi des mammifères dans tous les habitats. Le campagnol des champs (*Microtus arvalis*) fréquente les habitats ouverts, et le grand hamster (*Cricetus cricetus*) apprécie particulièrement les grandes plaines devenues céréalières. L'écureuil roux (*Sciurus vulgaris*), le tapir terrestre (*Tapirus terrestris*) et l'atèle noir (*Ateles paniscus*) occupent les habitats forestiers. L'isard (*Rupicapra pyrenaica*) est adapté aux habitats rupestres (rocheux). Le lion (*Panthera leo*) fréquente les savanes et le lémur catta (*Lemur catta*) les savanes arbustives. La vigogne (*Vicugna vicugna*) habite les déserts d'altitude de la cordillère des Andes, et le suricate (*Suricata suricatta*) le désert du Namib (voir question 56). Le grand rhinolophe (*Rhinolophus ferrumequinum*) est cavernicole. La fouine (*Martes foina*) et le lérot (*Eliomys quercinus*) peuvent s'installer dans nos greniers, et le renard roux (*Vulpes vulpes*) est de plus en plus présent dans nos villes.
Enfin, tous les continents accueillent des mammifères, les espèces de ce groupe s'étant adaptées à tous les climats

(polaires, tempérés, tropicaux). L'ours polaire (*Ursus maritimus*) survit au grand froid de l'Arctique (voir question 57), l'ours brun (*Ursus arctos*) habite nos pays tempérés tandis que l'ours lippu (*Melursus ursinus*) évolue en climat tropical indien. Le nombre d'espèces augmente en s'approchant de l'équateur. Ainsi, le nord de l'Amérique du Sud, les Andes, l'Afrique de l'Est et l'Asie du Sud-Est sont les zones abritant la plus grande diversité de mammifères. On trouve des mammifères endémiques (c'est-à-dire présents sur une aire restreinte) sur tous les continents, mais cette endémicité se concentre dans quelques régions comprenant généralement des îles. Ainsi, le Mexique, le nord de l'Amérique du Sud, Madagascar, le Sri Lanka, l'Indonésie, la Nouvelle-Guinée, les Philippines et Taïwan font partie de ces régions abritant de nombreux mammifères endémiques, d'après une étude menée par Ceballos et Ehrlich en 2006.

17 Existe-t-il des mammifères marins d'eau douce ?

Les mammifères marins ne représentent pas un groupe taxonomique (voir question 83), mais un ensemble de mammifères dont l'alimentation est issue de l'océan. Ils rassemblent ainsi les cétacés (baleines, dauphins...), les siréniens (lamantins et dugong), les pinnipèdes (phoques, otaries, morse), mais aussi l'ours polaire (*Ursus maritimus*), la loutre marine (*Lontra felina*) et la loutre de mer (*Enhydra lutris*). Certains spécialistes incluent aussi dans ce groupe le noctilion pêcheur (*Noctilio leporinus*) et le murin pêcheur (*Myotis vivesi*), deux chauves-souris piscivores.

Après avoir colonisé le milieu marin, certains mammifères marins ont ensuite conquis les milieux aquatiques continentaux. Sur les 126 mammifères marins actuellement présents sur Terre – 14 mysticètes (baleines à fanons), 69 odontocètes (baleines à dents), 4 siréniens, 34 pinnipèdes, 1 ursidé, 2 mustélidés, 2 chauves-souris –, seules 5 espèces vivent exclusivement en eau douce mais appartiennent toujours à l'ensemble des mammifères marins !

Le phoque du lac Baïkal (*Pusa sibirica*) est le plus petit phoque du monde et le seul dont tous les représentants vivent

uniquement en eau douce. Il se trouve, comme son nom l'indique, dans le lac Baïkal en Sibérie. Le lamantin d'Amérique du Sud (*Trichechus inunguis*), le dauphin tucuxi (*Sotalia fluviatilis*) et le dauphin de l'Amazone (*Inia geoffrensis*) occupent les cours d'eau du bassin amazonien. Ce dernier dauphin possède des mâchoires uniques au monde, constituées de dents pointues à l'avant et de dents plates à l'arrière lui permettant de broyer les poissons cuirassés présents dans les rivières amazoniennes, tels que les piranhas. Le plataniste du Gange (*Platanista gangetica*) est aussi un dauphin de fleuve. Il vit dans les rivières d'Asie du Sud (Inde, Bangladesh, Népal, Pakistan). Ce dauphin a un bec particulièrement long, relativement plat et légèrement recourbé vers le haut, dont il se sert pour extraire ses proies enfouies dans des crevasses ou dans la vase.
Habitant les eaux turbides où la visibilité est faible, voire nulle, ces deux dauphins d'eau douce ont des yeux minuscules et une très mauvaise vue, qu'ils compensent grâce à leur puissant sonar. Leurs vertèbres cervicales ne sont pas soudées, leur permettant de tourner légèrement la tête à droite et à gauche. Une sixième espèce, le dauphin de Baji (*Lipotes vexillifer*), pourrait compléter cette liste de mammifères marins dulcicoles, mais elle a probablement disparu de la rivière Yangtze (Chine) qu'elle occupait jusqu'à présent. La sous-espèce de phoque veau-marin des lacs des Loups Marins (*Phoca vitulina mellonae*), au Québec, le phoque annelé du lac Saimaa (*P. h. saimensis*), en Finlande, et celui du lac Ladoga (*Pusa hispida ladogensis*), en Russie, ou certaines populations du dauphin d'Irrawaddy (*Orcaella brevirostris*) vivent également exclusivement en eau douce.
Bien que le dauphin de la Plata (*Pontoporia blainvillei*) appartienne au groupe des dauphins de fleuve, il vit dans les eaux côtières d'Amérique du Sud-Est, et ne remonte qu'occasionnellement dans l'estuaire de la Plata. Comme lui, d'autres mammifères marins peuvent fréquenter temporairement les milieux aquatiques continentaux. Cette spécificité concerne notamment le marsouin aptère (*Neophocaena asiaeorientalis*), le lamantin d'Afrique (*Trichechus senegalensis*) ou, en France, le lamantin d'Amérique (*T. manatus*), qui se trouve aussi bien dans les fleuves guyanais qu'à proximité des îlets de Cayenne, dans l'océan Atlantique. En métropole, le phoque veau-marin (*Phoca vitulina*) a été observé en 2012 à proximité

de Nevers (à plus de 500 km de l'océan). Il remontait autrefois régulièrement les grandes rivières d'Europe de l'Ouest. De même, le marsouin commun (*Phocoena phocoena*) a remonté à plusieurs reprises la Seine jusqu'à Paris !

18 Quels sont les principaux groupes de mammifères ?

Les scientifiques ont classé les mammifères en différents ordres en fonction de leurs caractéristiques. La Liste rouge des espèces menacées version 2017.3 en compte 26. Tout comme pour les espèces (voir question 19), le nombre et la dénomination des ordres peuvent encore évoluer en fonction de l'amélioration des connaissances.

Avec plus de 2 280 espèces, les rongeurs représentent l'ordre avec la plus grande richesse spécifique (plus de 40 % des espèces). La deuxième place est occupée par les chauves-souris (plus de 20 % des mammifères). Viennent ensuite les Eulipotyphla (c'est-à-dire les hérissons, taupes, musaraignes, etc.), les primates, les cétartiodactyles (regroupant les artiodactyles et les cétacés) et les carnivores, qui regroupent chacun entre 5 % et 10 % des espèces. La dernière place est réservée à l'ordre des microbiothères, qui ne compte actuellement qu'une espèce : le *Dromiciops gliroides*, petit marsupial vivant en Amérique du Sud.

19 Combien y a-t-il d'espèces de mammifères ?

Bien que les mammifères soient un groupe taxonomique bien connu, il reste difficile de donner un nombre précis d'espèces existant aujourd'hui sur Terre. Les dernières études publiées dénombrent 5 488 espèces en 2008 selon l'UICN, contre 5 416 en 2005 selon Wilson et Reeder. Un récent ouvrage, publié par Withers *et al.* en 2016, annonce 5 700 espèces, dont 300 marsupiaux. Ces chiffres vont continuer d'évoluer car de nouvelles espèces ont été découvertes. En 2011, le dauphin Burrunan (*Tursiops australis*), très proche morphologiquement du grand dauphin

Les dauphins communs *Delphinus capensis* et ici *Delphinus delphis* forment-ils une ou deux espèces ?

(*Tursiops truncatus*), a été découvert près des côtes de l'Australie. L'année 2011 a aussi été marquée par la description d'un nouveau rongeur, *Paucidentomys vermidax*, trouvé à Sulawesi (Indonésie). La particularité de ce rat-musaraigne tient à ses mâchoires pourvues uniquement d'incisives ! En 2012, l'existence du lesula (*Cercopithecus lomamiensis*), un primate, est confirmée par une présence signalée en République démocratique du Congo. Un nouveau carnivore, l'olinguito (*Bassaricyon neblina*), appartenant à la famille des ratons laveurs, est décrit en 2013 en Équateur. En 2015, c'est de nouveau sur l'île de Sulawesi que des scientifiques ont eu le privilège de rencontrer un nouveau rongeur : le rat au nez plat (*Hyorhinomys stuempkei*).

À ces découvertes s'ajoutent les avancées en taxonomie (voir question 83) qui ont aussi des conséquences sur le nombre d'espèces. Par exemple, jusqu'à récemment, une seule espèce de dauphin à bosse (*Sousa chinensis*) était reconnue, mais des études récentes (2013 et 2014) ont démontré qu'il existait finalement 4 espèces distinctes. Cette distinction s'est faite à la suite de l'analyse du squelette de plusieurs individus, de leur morphologie externe, de leur couleur, mais aussi grâce à l'étude de leurs gènes et à la localisation géographique des différents spécimens examinés. De même, en 2017, une étude a démontré que l'écureuil noir de Calabre (*Sciurus meridionalis*), présent en Italie du Sud, jusqu'alors classé comme sous-espèce de l'écureuil roux (*Sciurus vulgaris*), devait être traité comme une espèce à part entière. En combinant les données génétiques, morphologiques et géographiques, les chercheurs considèrent que les différences entre ces deux écureuils sont assez importantes pour justifier de les classer en deux espèces. L'écureuil noir est plus lourd, a des pattes arrière plus longues, un pelage blanc sur le ventre et brun foncé à noir sur le dos.

À l'inverse, la distinction de deux espèces de dauphins communs, *Delphinus delphis* et *Delphinus capensis*, est remise en cause : la seconde serait synonyme de la première. Les données moléculaires récentes, notamment *via* l'analyse sur un grand nombre d'individus d'une séquence génétique particulière, laissent à penser qu'il ne s'agirait que d'une seule et même espèce. Le débat est toujours en cours.

Le nombre de mammifères est donc appelé à évoluer encore dans les années à venir.

La girafe (*Giraffa camelopardalis*) détient le record de taille des mammifères terrestres actuels.

20 Quelles sont les tailles extrêmes des mammifères ?

Près de 170 tonnes et 33 mètres séparent le plus petit mammifère du plus grand ! En effet, la baleine bleue (*Balaenoptera musculus*) est aujourd'hui la plus grande espèce présente sur Terre. À l'inverse, la pachyure étrusque (*Suncus etruscus*), petite musaraigne présente en France, ainsi que la kitti à nez de porc (*Craseonycteris thonglongyai*), chauve-souris trouvée en Thaïlande et en Birmanie, sont avec leurs 2 grammes et leurs 3 centimètres les plus petits mammifères vivant actuellement. Ce record de taille minimale aura du mal à être battu, car cette masse semble être à la limite inférieure de l'endothermie.

Les mammifères sont dits « à sang chaud », ou endothermes, c'est-à-dire qu'ils génèrent leur température corporelle grâce à un mécanisme interne. Or la production d'énergie thermique est proportionnelle au volume de l'animal, alors que la perte de cette chaleur dépend de la surface de l'individu. La croissance d'un individu ayant un impact plus fort sur le volume que sur la surface, la déperdition de chaleur est proportionnellement plus importante chez les petites espèces. L'énergie est produite par l'alimentation. Les petites espèces doivent donc manger beaucoup pour produire plus d'énergie et combler ainsi la perte de chaleur. La majorité des petits mammifères consomment déjà l'équivalent de leur propre masse au quotidien. Cette quantité ne peut augmenter indéfiniment. Un mammifère trop petit risque donc de perdre trop d'énergie pour survivre.

La limite supérieure est, elle, limitée par la gravité. Au-delà d'une certaine masse, les os ne seraient plus assez résistants pour supporter leur propre masse et le squelette risquerait alors de s'effondrer. La masse d'un animal augmente en fonction de son volume (avec V = l × L × h), tandis que la résistance des os et la force des muscles augmentent avec l'aire de leur section (avec A = l × L). Quand l'animal grandit, sa masse augmente donc plus vite que sa force.
La taille maximale pouvant être atteinte a été estimée à une trentaine de mètres de long pour les espèces terrestres, ce qui par ailleurs correspond à la taille atteinte par les plus grands dinosaures. Le *Baluchitherium grangeri* est, avec ses 5 mètres de haut, ses 8 mètres de long et ses 20 tonnes, le plus grand mammifère ayant vécu sur Terre. L'estimation de la taille maximale est surestimée car, pour se déplacer, les individus ont des membres articulés, et donc des points de résistance plus faibles. Les espèces marines subissant une poussée d'Archimède moins forte pourraient, elles, dépasser cette taille.
Aujourd'hui, le record de taille sur terre est détenu par la girafe (*Giraffa camelopardalis*, jusqu'à 5,80 mètres) et celui de masse par l'éléphant d'Afrique (*Loxodonta africana*, jusqu'à 7 tonnes).

21 Quels sont les mammifères les plus menacés ?

D'après la Liste rouge mondiale version 2016.3, 25 % des mammifères de la planète sont menacés d'extinction. Sur les 5 560 espèces évaluées, 203 sont en danger critique d'extinction, catégorie de menace la plus importante. Pour 152 d'entre elles, la situation risque d'empirer car le déclin de leur population se poursuit.
Certains groupes, dont les primates, les périssodactyles et les cétartiodactyles, sont plus menacés que d'autres. Ainsi, sur les 6 espèces de grands singes, 4 sont aujourd'hui à un pas de l'extinction, comme le gorille de l'Est (*Gorilla beringei*), qui a vu sa population décliner de plus de 70 % en vingt ans. Le gorille de l'Ouest (*Gorilla gorilla*), l'orang-outan de Bornéo (*Pongo pygmaeus*) et l'orang-outan de Sumatra (*Pongo abelii*) viennent compléter cette tragique liste.

De même, les rhinocéros ont subi au cours des cinquante dernières années une chute de 80 % de leurs effectifs. Parmi les 5 espèces de rhinocéros, le rhinocéros de Java (*Rhinoceros sondaicus*) est considéré comme le plus menacé, avec un effectif réduit à une seule population d'une cinquantaine d'individus dans le Parc national d'Ujung Kulon à Java (Indonésie). Le dernier individu de cette espèce, qui était présent au Vietnam, a été abattu en 2010 pour sa corne. Le rhinocéros de Sumatra (*Dicerorhinus sumatrensis*) risque lui aussi de disparaître, car seule une centaine d'individus subsiste aujourd'hui entre Bornéo et Sumatra. En juin 2017, l'un des trois individus, nommé Puntung, vivant en Malaisie a été euthanasié car il souffrait d'un cancer de la peau. Afin de préserver l'espèce, ses ovocytes ont été récoltés.
Parmi les cétartiodactyles en péril, citons le cerf de Kuhl (*Axis kuhlii*), évalué en danger critique en 2008, en 2013 et en 2014. La population de ce cervidé endémique de Bawean, une île indonésienne de 200 km^2, est estimée entre 200 et 500 individus. Bien que moins menacée, la girafe (*Giraffa camelopardalis*) a récemment fait couler beaucoup d'encre. Depuis 1985, ses populations ont subi un déclin dramatique avec une chute d'environ 40 % de leurs effectifs, passant de 160 000 individus à 97 000.

De nombreux autres mammifères, n'appartenant pas aux trois ordres cités plus haut, sont aussi en danger critique d'extinction. Les pangolins de Chine et javanais (*Manis pentadactyla* et *M. javanica*), la

Apprécié pour sa chair, le pangolin terrestre du Cap (*Smutsia temminckii*) est un des mammifères les plus braconnés.

marmotte de l'île de Vancouver (*Marmota vancouverensis*) et le loup rouge (*Canis rufus*) s'ajoutent à cette longue liste qui ne cesse de s'agrandir. On peut pourtant considérer que certaines espèces sont ressuscitées d'entre les morts ! Par exemple, le loup rouge a été déclaré éteint à l'état sauvage en 1980, mais, grâce à un programme de reproduction en captivité, des individus ont pu être relâchés dans la nature et permettre sa réintroduction en Caroline du Nord (États-Unis).

22 La faune mammalienne a-t-elle évolué avec les changements climatiques passés ?

L'histoire de la Terre est ponctuée de changements climatiques, soit induits par sa dynamique propre (évolution naturelle), soit provoqués par des événements catastrophiques, comme des chutes de météorites ou des périodes de volcanisme intense.

Les mammifères sont *a priori* peu menacés par les évolutions naturelles du climat. Ils sont endothermes (ils régulent leur température interne à l'aide de leur propre métabolisme) et supportent généralement des variations de température plus importantes que les reptiles, par exemple. Ils sont assez mobiles. Si aucun obstacle géographique ne se révèle insurmontable et si des habitats propices existent ailleurs, ils pourront déplacer leurs aires de répartition. Enfin, beaucoup sont capables de modifier leurs comportements, comme de changer leur régime alimentaire ou leur rythme d'activités. Cette capacité d'adaptation varie toutefois d'une espèce à l'autre, les plus spécialisés étant les moins aptes à survivre à une modification de climat. Sur le plus long terme, des mutations génétiques pourront permettre aux espèces d'acquérir de nouvelles aptitudes pour la supporter.

Mais ces processus d'ajustement peuvent prendre des milliers d'années. Or nous vivons aujourd'hui l'une des évolutions du climat les plus brutales que notre planète ait connue : selon certains chercheurs, le réchauffement actuel serait 100 fois plus rapide que ceux observés durant les périodes interglaciaires du début du Quaternaire. Les mammifères auront-ils le temps de s'adapter ? Certains sont-ils condamnés à disparaître ?

L'étude du passé peut nous aider à imaginer le futur. Elle nous révèle quelques exemples d'impacts du changement climatique sur les mammifères. Il y a 150 000 ans, alors que la dernière phase de glaciation quaternaire s'amorçait, une population d'ours bruns (*Ursus arctos*) s'est trouvée isolée dans le sud de l'Alaska. Une chaîne de montagnes, devenue infranchissable à cause de l'extension des glaciers, leur barrait la route vers le sud. Ils ne purent donc migrer vers des régions méridionales plus chaudes. Ils durent passer peu à peu d'un régime omnivore à un régime purement carnivore au fur et à mesure que la végétation disparaissait. Il y avait heureusement beaucoup de phoques dans la région. Ils ont appris à les chasser sur la banquise. Celle-ci étant présente uniquement en hiver, les mâles ont cessé d'hiberner. Avec le temps, leur pelage a blanchi, en adaptation aux paysages enneigés dans lesquels ils vivaient la plus grande partie de l'année (voir question 57). Ainsi serait né l'ours blanc (*Ursus maritimus*). Cette population d'ours a subi simultanément des modifications morphologiques, physiologiques et comportementales qui lui ont permis de survivre à ce refroidissement : le changement climatique a été moteur d'évolution.

L'hippopotame amphibie (*Hippopotamus amphibius*), qui vécut en France pendant les périodes les plus chaudes du début du Quaternaire, a vu quant à lui son aire de répartition se déplacer avec l'arrivée des glaciers : on le retrouve aujourd'hui en Afrique.

Ces espèces s'en sont bien sorties. D'autres n'ont pas eu cette chance. Il y a 30 000 ans, le rhinocéros laineux (*Coelodonta antiquitatis*) était une espèce prospère. Il était réparti sur une large partie de l'Eurasie. Ses ancêtres s'étaient progressivement adaptés au refroidissement du climat et sa morphologie (oreilles et membres courts, épaisse fourrure) lui permettait de supporter des températures rigoureuses. Mais, à la fin de la dernière période glaciaire, son habitat, la toundra-steppe glaciaire, s'est considérablement réduit jusqu'à ne plus produire assez de nourriture, ce qui aurait conduit à sa disparition. Cette fois-ci, l'espèce n'a pas eu le temps de s'adapter aux nouveaux habitats induits par le réchauffement du climat.

La paléontologie a montré de nombreux changements de composition de la faune mammalienne liés à des évolutions climatiques. Ainsi, la faune des ruminants a été totalement renouvelée entre – 25 et – 24 millions d'années en Europe de l'Ouest, au cours d'une période de réchauffement. Les espèces présentes initialement ont été remplacées par des espèces venues d'Asie. En Europe, il y a 2,3 millions d'années, de nombreuses espèces de grands mammifères se sont éteintes à cause d'un refroidissement des températures. Au contraire, à la fin de la dernière période glaciaire, il y a 15 000 ans, le nombre de petites espèces de mammifères a fortement augmenté.

Ainsi, l'étude du passé nous apprend que le climat a de tout temps été un facteur important de l'évolution des peuplements d'espèces, en particulier pour la faune mammalienne.

Les hippopotames amphibies (*Hippopotamus amphibius*) vivaient autrefois en France.

23 Quelles conséquences le changement climatique amorcé au XXe siècle peut-il avoir sur les mammifères ?

Aujourd'hui, les effets du changement climatique sur les mammifères sont encore peu perceptibles, mais des scénarios peuvent être proposés. Les espèces préboréales et boréales seront probablement les plus affectées car leurs habitats risquent de disparaître entièrement. Parmi celles-ci, l'ours blanc (*Ursus maritimus*) est le plus préoccupant, à tel point qu'il est devenu l'ambassadeur de la lutte contre le réchauffement de la planète. La disparition de la banquise, son principal habitat de chasse, risque de lui être fatale. Il n'aura cette fois-ci certainement pas le temps de se réadapter à un régime alimentaire plus omnivore (voir question 22).

Si aucune barrière ne les en empêche, beaucoup d'espèces migreront afin de retrouver des habitats favorables. Leurs aires de répartition s'en trouveront modifiées. Mais il est possible que les habitats de certaines d'entre elles disparaissent totalement sans qu'elles aient le temps de s'adapter à un nouvel habitat. C'est ce qu'on peut craindre pour les espèces très spécialisées, comme le grand panda (*Ailuropoda melanoleuca*). Les chiroptères, très mobiles, pourront probablement migrer facilement. Il en est de même pour les mammifères marins. Mais les plus boréaux d'entre eux, comme les baleines franches, verront peut-être leurs ressources alimentaires, en premier lieu le krill, s'effondrer, ce qui causera leur perte. En France, on peut supposer que les petits mammifères méditerranéens remonteront vers le nord au fur et à mesure que le climat deviendra plus aride. Quant au lièvre variable (*Lepus timidus*), les montagnes où il avait trouvé refuge lors du réchauffement climatique qui a suivi la dernière période glaciaire ne seront peut-être plus assez froides pour lui. Il pourra migrer à des altitudes de plus en plus élevées au fur et à mesure du réchauffement. Mais viendra un jour où il ne pourra pas aller plus haut.

Les mammifères risquent donc d'être profondément affectés par le changement climatique actuellement en cours, dont l'homme est en grande partie responsable. Mais de nombreux autres facteurs d'origine anthropique modifient actuellement les habitats et les faunes et flores associées, et ceci bien plus vite que l'évolution du climat...

La reproduction chez les mammifères

24 Le printemps est-il vraiment la saison des amours ?

« Voici donc les longs jours, lumière, amour, délire ! Voici le printemps ! Mars, avril au doux sourire. » Victor Hugo, comme de nombreux poètes, aime célébrer l'arrivée du printemps, couplée au réveil des amours. Mais la réputation romantique de cette saison est-elle fondée chez les mammifères ?

Un intérêt commun à l'ensemble des espèces est la survie de leur progéniture. Or, pour avantager cela, il est important que les naissances aient lieu à une période favorable, soit préférentiellement en fin d'hiver ou au printemps, périodes où le climat est plus clément et où les ressources alimentaires commencent à foisonner. Naître à ce moment permet aussi aux jeunes d'être assez développés pour affronter l'hiver suivant. Pour les espèces ayant une gestation courte (de quelques semaines) et celles ayant une gestation durant environ un an, l'accouplement aura bien lieu au printemps.

En revanche, pour certains mammifères, le printemps n'est pas la saison des amours. En effet, comme vous l'avez certainement déjà entendu, le cerf élaphe (*Cervus elaphus*) courtise sa belle en automne. La gestation de la biche durant huit mois, si l'accouplement a lieu en octobre, les petits naîtront bien au retour des beaux jours. Il en est de même pour le bouquetin des Alpes (*Capra ibex*), l'élan (*Alces alces*) et de nombreux autres mammifères dont la durée de gestation avoisine les six mois.

Par ailleurs, d'autres solutions (la fécondation différée et l'ovo-implantation différée) permettent à certains mammifères ayant des durées de gestation d'environ deux mois de mettre bas au printemps sans que l'accouplement ait lieu en plein hiver. La fécondation différée concerne notamment la plupart des chauves-souris européennes, qui se reproduisent de septembre à décembre et mettent bas au printemps malgré une gestation réelle

Chez le cerf élaphe (*Cervus elaphus*), la saison des amours se déroule à l'automne.

de deux mois. En effet, les femelles conservent dans leurs voies génitales le sperme du mâle, mais la fécondation ne se déclenche qu'à la fin de l'hiver. D'autres espèces, comme le chevreuil (*Capreolus capreolus*), la fouine (*Martes foina*) ou la martre (*Martes martes*), ont quant à elles une ovo-implantation différée, aussi appelée « diapause embryonnaire ». L'accouplement et la fécondation ont lieu en été, mais le développement de l'œuf cesse très rapidement. La gestation ne commence alors qu'après plusieurs mois de latence embryonnaire. Ainsi, le chevreuil s'accouple en juillet-août, la diapause dure 5 à 6 mois et la phase réelle de gestation commence en janvier pour une mise bas 130 jours plus tard, en mai. La martre et la fouine s'accouplent en été et la mise bas intervient 9 mois plus tard, en mars-avril, après une gestation réelle de 56 jours !
Tous ces mammifères sont classés parmi les espèces à reproduction saisonnière. Leur reproduction est en lien étroit avec la longueur du jour, appelée « photopériode », qui influe sur la quantité de mélatonine produite. Cette hormone, sécrétée la nuit, joue un rôle dans la régulation de la reproduction.
Enfin, d'autres mammifères peuvent se reproduire toute l'année. C'est le cas notamment de la souris grise (*Mus musculus*) qui, vivant dans nos maisons, bénéficie du gîte et du couvert quelle que soit la saison ! Sa reproduction est donc continue, comme chez l'être humain.

25 À partir de quel âge la maturité sexuelle peut-elle être atteinte ?

À leur naissance, les jeunes mammifères ne sont pas encore aptes à se reproduire car leurs organes génitaux ne sont pas entièrement développés. Pour se reproduire, ils doivent atteindre l'âge de la maturité sexuelle. Celle-ci peut se traduire par une augmentation de la taille des organes génitaux – chez la musaraigne carrelet (*Sorex araneus*), les testicules des mâles passent de 5 mg chez un individu immature à 200-300 mg chez un adulte mature en période de reproduction –, par le développement des glandes mammaires chez la femelle, l'activation des hormones sexuelles, l'apparition des « chaleurs », etc.

La maturité sexuelle diffère de la puberté. Cette dernière se définit comme la période où la reproduction devient possible, c'est-à-dire la période à partir de laquelle les individus deviennent fertiles, ce qui correspond à la première menstruation pour la femelle. La maturité sexuelle correspond, quant à elle, au moment où l'animal atteint son plein pouvoir de reproduction. Elle est donc atteinte après la puberté.

L'âge de la maturité sexuelle varie beaucoup d'une espèce à l'autre. Chez les musaraignes ou les petits rongeurs, la maturité sexuelle peut être atteinte au bout de quelques semaines, ce qui permet aux femelles de s'accoupler et de mettre bas dès leur première année. Mature dès 5 semaines et pouvant mettre bas 4 jeunes en moyenne par portée après une gestation d'une vingtaine de jours, un campagnol fouisseur (*Arvicola scherman*) pourrait ainsi être à l'origine d'une population de plus de 100 individus dès sa première année ! Généralement, les espèces à maturité sexuelle précoce se caractérisent aussi par un nombre important de petits par portée, afin de compenser une forte mortalité infantile, une croissance rapide, une longévité courte et un faible investissement des parents dans la survie de leur descendance. Ces espèces adoptent ce que l'on appelle une « stratégie r » en réponse à un environnement instable et dont les ressources alimentaires fluctuent beaucoup.

À l'inverse, certains mammifères atteignent tardivement leur maturité sexuelle et ont un nombre réduit de jeunes. Ainsi, les baleines bleues (*Balaenoptera musculus*) ne se reproduisent qu'à partir de 10 ans et mettent au monde un petit après une gestation de 12 mois. Ces caractéristiques s'accompagnent généralement d'une longue durée de vie (80 ans pour la baleine bleue), d'une faible mortalité infantile et d'un fort investissement parental. Les odontocètes notamment allaitent leur petit jusqu'à leurs 2 ans. L'ensemble de ces critères détermine une stratégie démographique nommée « stratégie K », qui concerne les espèces vivant dans un environnement stable avec des ressources alimentaires suffisantes.

Chez l'être humain, la puberté débute aujourd'hui vers l'âge de 10 ans chez les filles (elle commençait vers 14 ans au début du XIXe siècle) et 12 ans chez les garçons. Elle dure environ trois ans.

26 Combien de temps peut-il s'écouler entre l'accouplement et la naissance d'un petit ?

Chez les mammifères, à la suite de l'accouplement, le ou les ovules sont fécondés par un ou des spermatozoïdes. Après cette fécondation, l'œuf s'implante dans l'utérus et le développement de l'embryon commence. Cette période de développement jusqu'à la naissance correspond à la gestation. Chez l'homme, elle dure environ 9 mois. Qu'en est-il chez les autres mammifères ?

Chez le hamster doré (*Mesocricetus auratus*), la gestation est particulièrement courte ! En effet, la femelle met bas 16 jours après l'accouplement. Il en est de même chez la souris grise (*Mus musculus*), qui compte seulement 19 jours de gestation. La louve (*Canis lupus*), quant à elle, met bas après avoir porté ses petits pendant 2 mois. Le chimpanzé (*Pan troglodytes*) et le bonobo (*Pan paniscus*) donnent naissance à leurs jeunes 230 à 240 jours après l'accouplement, soit environ un mois de moins que l'être humain. Ce dernier n'a rien à envier à l'orque (*Orcinus orca*), dont la gestation dure le double de temps, c'est-à-dire de 17 à 18 mois ! Mais le record est détenu par l'éléphant d'Afrique (*Loxodonta africana*), dont la femelle met bas au bout de 22 mois.

Chez les marsupiaux, la gestation est beaucoup plus courte car la femelle donne naissance à un jeune très peu développé, on parle même d'état larvaire (voir question 28). Ainsi, chez l'opossum de Virginie (*Didelphis virginiana*), la gestation dure 12 à 13 jours seulement.

Chez tous les mammifères précédemment cités, la durée de gestation est donc à peu près égale à celle séparant l'accouplement de la mise bas. Mais ça n'est pas toujours le cas.

La femelle du gnou bleu (*Connochaetes taurinus*) met bas après 250 jours de gestation.

Chez quelques espèces, le temps entre l'accouplement et la mise bas est plus important que la durée de la gestation.
En effet, chez certains mammifères, dits à fécondation différée, les spermatozoïdes sont stockés après l'accouplement, et la fécondation intervient dans un second temps, quand toutes les bonnes conditions (climat, ressource alimentaire...) sont réunies. Chez d'autres, la fécondation a bien lieu directement après l'accouplement, mais le développement de l'embryon ne débute qu'après une période de latence. Ces espèces sont dites « à ovo-implantation différée » (voir question 24).

27 Comment les cétacés mettent-ils leurs petits au monde ?

Au XVIe siècle, les scientifiques classaient les mammifères marins avec les poissons. Ils pensaient alors que l'ensemble de ces espèces pondaient des œufs. Quelle ne fut pas leur surprise quand le médecin et naturaliste Guillaume Rondelet découvrit, vers Montpellier, une femelle de dauphin échouée avec son petit... celui-ci étant encore dans son placenta ! Les dauphins seraient donc des mammifères et mettraient bas comme les humains ?
Oui et non ! Comme les hommes, les cétacés sont des placentaires et le fœtus se développe donc entièrement dans l'utérus de la femelle. Mais, contrairement aux hommes et aux autres mammifères, le jeune adopte une position fœtale inversée. En effet, chez les baleines et les dauphins, la queue sort en premier ! Cela évite au petit de se noyer au moment de l'expulsion et amoindrit le choc thermique que pourrait subir sa tête entre la température de l'eau et celle du ventre de sa mère (environ 36 °C).
Dès sa sortie du ventre, le jeune, accompagné de sa mère, nage jusqu'à la surface pour prendre sa première bouffée d'air. Il va ensuite, très rapidement, commencer à téter. La femelle est dotée de deux mamelles, situées de part et d'autre de la fente génitale, mais qui ne sont pas proéminentes et ne permettent donc pas une véritable succion. De plus, les jeunes n'ont pas les muscles nécessaires pour téter. Pour combler ces problèmes, la femelle expulse directement le lait dans la bouche du bébé qui se place à proximité des mamelons.

Cette solution a largement fait ses preuves, car le « petit » de la baleine bleue (*Balaenoptera musculus*), qui mesure 7 mètres et pèse près de 3 tonnes à la naissance, grossit de 80-90 kg par jour !

Les cicatrices des plis fœtaux sont encore visibles chez ce jeune grand dauphin (*Tursiops truncatus*).

28 Les kangourous naissent-ils dans la poche de leur mère ?

Les mammifères sont actuellement classés en trois groupes : les monotrèmes (voir question 29), les marsupiaux et les placentaires.
L'homme fait partie des placentaires, nommés aussi « euthériens ». Ceux-ci donnent naissance à des jeunes viables qui se sont développés dans le ventre, et plus particulièrement dans le placenta, de leur mère. La gestation est plus ou moins longue (voir question 26), et la période d'allaitement plus courte que pour les marsupiaux.
Les kangourous, comme le koala (*Phascolarctos cinereus*) ou le diable de Tasmanie (*Sarcophilus harrisii*), sont des marsupiaux. Ils donnent aussi naissance à des jeunes viables mais à un stade de développement beaucoup moins avancé. En effet,

leur placenta étant très peu développé, le fœtus ne peut finir sa croissance dans l'utérus de sa mère. La gestation est donc de très courte durée (de 12 à 46 jours en fonction des espèces). Chez les placentaires, la durée de la gestation varie de 16 jours à 22 mois et sera d'une cinquantaine de jours chez le renard roux (*Vulpes vulpes*), espèce dont la taille est comparable à celle du koala et du diable de Tasmanie, pour lesquels la gestation dure une trentaine de jours. Les femelles des marsupiaux mettent bas un jeune de toute petite taille et très peu développé. On parle même de « larve marsupiale », car son anatomie diffère grandement de celle de l'adulte.

À sa naissance, ce jeune kangourou roux (*Osphranter rufus*) ne pesait qu'un gramme !

Chez les kangourous, selon les espèces, la femelle met bas un jeune après 29 à 38 jours de gestation. Celui-ci a une taille comparable à un bourdon : il mesure 2 à 3 cm et pèse 1 g ! Le stade de développement de ce petit équivaut à celui d'un embryon humain de 8 semaines. Ce nouveau-né va migrer jusqu'à la poche marsupiale pour finir sa croissance. Il s'accroche à une mamelle et peut ainsi passer de longs mois. Le séjour dans cette poche peut même durer plus d'un an pour les grandes espèces. Durant cette période, la femelle peut de nouveau se reproduire et attendre un autre jeune. À sa naissance, le deuxième kangourou, suivant l'exemple de son aîné, grimpera jusque dans la poche et s'accrochera à une autre mamelle. La poche aura entre-temps été libérée par le premier. La mère produit alors deux laits différents : un de premier âge pour le nouveau-né fixé et un de deuxième âge pour l'aîné qui tète de l'extérieur. Il n'est donc pas question de s'échanger les tétines !
Une autre particularité des kangourous est le fort pourcentage d'adoption. En effet, le petit dans la poche marsupiale n'est pas toujours celui de la femelle qui le porte. Une étude menée par des chercheurs australiens sur le kangourou géant (*Macropus giganteus*) montre que le taux d'adoption est particulièrement important chez cette espèce. Dans 3 % des cas, le jeune est adopté et peut même être recueilli par une femelle sans aucun lien de parenté.

29 Certains mammifères pondent-ils des œufs ?

Bien que les monotrèmes soient des mammifères, ils pondent des œufs ! Pendant 27-28 jours, les œufs vont d'abord se développer dans l'utérus de la femelle. Le développement du jeune va se poursuivre après la ponte pendant une dizaine de jours. Dès l'éclosion, le nouveau-né se réfugie contre sa mère et lèche ses poils à la recherche de lait. Cette dernière, ayant des glandes mammaires sans mamelles, laisse couler son lait le long de son corps *via* des pores, le lait s'amassant dans ses poils.
Comme leur nom l'indique (*mono* = un seul, *trema* = trou), les monotrèmes possèdent un orifice unique (un cloaque)

pour uriner, déféquer et se reproduire. Ce groupe compte actuellement l'ornithorynque (*Ornithorhynchus anatinus*) et quatre espèces d'échidnés : l'échidné à nez court (*Tachyglossus aculeatus*), l'échidné de Bruijn (*Zaglossus bruijni*), l'échidné de Barton (*Zaglossus bartoni*) et l'échidné d'Attenborough (*Zaglossus attenboroughi*).

L'ornithorynque, facilement reconnaissable grâce à son bec de canard, sa queue de castor et ses pattes de loutre, pond généralement deux œufs. Une fois qu'elle les a pondus, la femelle couve ses œufs pendant une dizaine de jours. Dès l'éclosion, la mère s'étend sur le dos et invite ainsi ses petits « à table ». Elle allaitera ses jeunes les 3-4 premiers mois de leur vie.

Comme l'ornithorynque, l'échidné à bec court (*Tachyglossus aculeatus*) pond des œufs.

Les échidnés ont eux aussi une silhouette typique avec leur corps recouvert d'épines, comme les hérissons. Contrairement à l'ornithorynque, les femelles des échidnés pondent un seul œuf, qu'elles ne couvent pas mais qu'elles gardent à l'abri dans une poche ventrale, à l'instar des marsupiaux. Après une dizaine de jours d'incubation dans cette poche, le petit se débarrasse de sa coquille et commence à lécher la peau de sa mère pour récupérer le lait. Le jeune poursuit son développement dans cette poche pendant 40 à 60 jours, jusqu'à ce que ses épines commencent à pousser. La mère le fait alors sortir mais continue à prendre soin de lui pendant encore 200 jours. Il faut noter qu'en biologie, l'œuf se définit comme une cellule résultant de la fusion d'un ovule et d'un spermatozoïde. Donc l'ensemble des mammifères en produisent mais tous ne les pondent pas !

30 Les mammifères font-ils des nids ?

Lorsqu'au cours d'une balade nous apercevons un nid, nous nous demandons immédiatement à quel oiseau il appartient. Mais attention, les oiseaux ne sont pas les seuls à bâtir de tels refuges !
De nombreux rongeurs ou autres petits mammifères, tels que le rat des moissons (*Micromys minutus*), le lérot (*Eliomys quercinus*), le mulot à collier (*Apodemus flavicollis*), le campagnol des champs (*Microtus arvalis*), le hérisson (*Erinaceus europaeus*) nichent eux aussi.

Le nid du rat des moissons (*Micromys minutus*) est une boule d'herbe de 5-6 cm de diamètre.

Caché dans les ronciers ou les fourrés denses se trouvant la plupart du temps à plus de 1 mètre du sol, le nid du muscardin (*Muscardinus avellanarius*) se compose de feuilles, de débris ligneux et de lanières végétales diverses. Boule de 12 cm de diamètre, il ressemble à celui du rat des moissons. Cependant ce dernier est constitué uniquement de graminées. La femelle de l'écureuil roux (*Sciurus vulgaris*) met bas dans un nid qu'elle fabrique avec des branchages. Les nids des femelles comme des mâles (les écureuils s'installant généralement seuls) sont tapissés de mousse, de feuilles ou d'herbes sèches à l'intérieur et possèdent une entrée qui peut être refermée si besoin. Ce refuge se trouve généralement à la fourche d'une branche entre 5 et 15 m de hauteur. Certains nids se repèrent facilement car ils peuvent atteindre 50 cm de diamètre.

De nombreux primates s'ajoutent à cette liste d'architectes. En effet, chaque soir, gorilles et chimpanzés (*Pan troglodytes*) entrelacent des branches et des feuillages pour se préparer un nid douillet pour la nuit. Les chimpanzés privilégient la hauteur en s'installant la plupart du temps dans les arbres, jusqu'à 40 m du sol, tandis que les gorilles des montagnes (*Gorilla beringei beringei*) préfèrent souvent le plancher des buffles et passent généralement la nuit au sol. Mais attention, hormis les jeunes non sevrés qui dorment avec leur mère, pour les autres, c'est nid à part ! Les nids des primates peuvent être utilisés pour dormir ou pour cacher les petits des prédateurs. Ainsi, les jeunes des varis (lémuriens) ne s'accrochent pas à leur mère mais restent en sécurité dans leur nid pendant plusieurs semaines. Les nids servent aussi à se regrouper pour limiter la perte de chaleur. Une étude a démontré que les microcèbes mignons (*Microcebus murinus*) réduisaient leur dépense énergétique de 20 à 40 % quand ils partageaient leur nid.

Certains mammifères, comme le blaireau (*Meles meles*) ou l'ornithorynque (*Ornithorhynchus anatinus*), apprécient également d'aménager confortablement leur gîte en y rapportant de l'herbe, de la mousse, des plumes, pour rendre leur couche plus moelleuse. D'autres, comme la chauve-souris tropicale rhinophyle naine (*Rhinophylla pumilio*), s'abritent sous une tente fabriquée avec des feuilles de palmier en sectionnant quelques nervures. Mais ces mammifères ne fabriquent pas de nid à proprement parler.

31 La renarde est-elle une mère poule ?

Chez la plupart des espèces animales, la survie des plus jeunes ne dépend que de leur instinct ou de leur capacité individuelle à apprendre de leurs expériences. Livrés à eux-mêmes dès leur naissance, ils ne connaîtront pas le bonheur d'être « pouponnés » par leurs parents. Les soins aux jeunes existent pour de rares espèces d'invertébrés, de poissons, d'amphibiens et de reptiles. Mais ils ne se généralisent guère que chez les oiseaux et surtout les mammifères.

Hormis l'allaitement, les soins aux jeunes consistent la plupart du temps à veiller à leur confort, les aider à surmonter les difficultés et les défendre contre des prédateurs, voire des individus hostiles de leur propre espèce (voir question 33). Ainsi, les femelles veillent à ce que leurs nouveau-nés reçoivent en quantité suffisante la chaleur dont ils ont besoin pour vivre. Inversement, en cas de forte chaleur, la femelle de l'éléphant d'Afrique (*Loxodonta africana*), après avoir ingurgité de l'eau, arrose son petit à l'aide de sa trompe pour le rafraîchir. Elle l'aide aussi à se laver en l'aspergeant délicatement et en le frottant avec sa trompe. Elle l'assiste dans ses déplacements, le poussant, voire le soulevant pour franchir des obstacles. Également très attentionnées, les femelles chimpanzés (*Pan troglodytes*) surveillent attentivement leurs jeunes inexpérimentés quand ils grimpent aux arbres, leur venant en aide quand ils sont en mauvaise posture. La femelle orque (*Orcinus orca*) aide son petit à se déplacer en lui faisant bénéficier du courant qu'elle génère en nageant, son jeune étant presque collé à elle. La défense contre un prédateur ou tout autre individu dangereux peut se réduire au lancement d'une alerte, conduisant les petits à se cacher ou à rejoindre un abri. Ainsi, l'éléphanteau viendra se réfugier sous sa mère. Chez de nombreuses espèces, la femelle n'hésitera pas à faire face, voire à attaquer l'agresseur.

Alors que l'apprentissage de la recherche de nourriture ne nécessite pas un fort investissement de la femelle pour ses jeunes chez les herbivores, les petits ayant tout au plus à imiter les adultes pour sélectionner les bons aliments, il en va différemment des espèces devant chasser pour se nourrir. Après le sevrage, la femelle devra continuer à alimenter ses petits tant qu'ils seront incapables de capturer eux-mêmes leurs proies, ce qu'elle devra également leur apprendre. C'est le cas des espèces appartenant à l'ordre des carnivores. Le renard roux (*Vulpes vulpes*) en est un bon exemple. Chez cette espèce, le nombre de jeunes par portée étant relativement important (jusqu'à 5), ceux-ci naissent peu développés et de petite taille. La renarde doit donc leur porter une attention constante les premières semaines. Elle doit énormément chasser pour produire assez de lait, à tel point qu'une femelle non reproductrice lui vient parfois en aide en gardant les petits pendant son absence, voire en régurgitant de la nourriture. Une fois l'allaitement terminé, les renardeaux suivront la renarde et apprendront à chasser en l'imitant.

Le mâle contribue aussi aux soins parentaux des petits, mais son investissement est bien moindre que celui de la femelle (voir question 32). C'est bien elle la véritable mère poule !

La femelle du renard roux (*Vulpes vulpes*) s'occupe attentivement de ses petits pendant les premiers mois de leur vie.

32 Y a-t-il égalité des sexes pour les soins aux jeunes ?

Force est de reconnaître que, chez les mammifères, ce sont la plupart du temps les femelles qui s'occupent de leurs petits. Les mâles participent à l'élevage des jeunes chez moins de 5 % des mammifères, et il n'existe aucune espèce où ils assurent seuls les soins parentaux. Ces soins biparentaux sont généralement le fait d'espèces monogames, c'est-à-dire dont le couple reste uni pendant toute la saison de reproduction.
La souris de Californie (*Peromyscus californicus*) fait partie de ces rares espèces biparentales. Si le père d'une famille vient à disparaître, la survie de la portée est compromise. Il arrive même que des mâles s'installent avec des femelles veuves pour s'occuper de leurs progénitures. Chez le hamster nain de Campbell (*Phodopus campbelli*), le mâle ne se contente pas d'élever les petits : il assiste la femelle lors de la mise bas ! Il lèche le liquide amniotique juste avant les naissances, tire les nouveau-nés hors du tractus génital, leur ouvre les narines pour qu'ils puissent se mettre à respirer, les lèche pour les débarrasser de la membrane amniotique et mange le placenta.

33 Pourquoi les lions tuent-ils les lionceaux de la femelle qu'ils courtisent ?

Les lions (*Panthera leo*) forment des clans composés de femelles apparentées entre elles, de leurs petits et de quelques mâles. Ces derniers assurent la protection de la troupe et veillent à la défense de leur territoire, tandis que les femelles s'occupent d'élever les lionceaux et de nourrir l'ensemble du clan. À partir de l'âge de 2 ou 3 ans, les jeunes mâles quittent leur famille et restent ensemble pendant environ deux ans. Vers 5 ans, ils partent à la recherche de femelles pour se reproduire. Ils entrent alors en compétition avec les chefs des autres clans. S'ils remportent le combat, ils remplacent les mâles résidents et peuvent alors courtiser les femelles. Leur plan de drague consiste, dans un premier temps, à tuer les lionceaux du mâle déchu… Pour une première approche, on a déjà vu mieux !

Cet infanticide a néanmoins une conséquence précise. En effet, tant que la lionne allaite ses petits, elle n'est pas disponible sexuellement. En éliminant la progéniture de la femelle, le mâle la rend ainsi apte à procréer rapidement, « maximisant ses chances d'assurer une descendance », comme l'explique Élise Huchard, chercheuse en écologie. Celle-ci a travaillé avec Dieter Lukas sur le comportement d'infanticide chez les mammifères terrestres. Car cette pratique n'est pas l'apanage des lions, et a été observée pour la première fois dans les années 1970 chez les langurs (singes de la famille de cercopithécidés). Sur les 260 mammifères étudiés, ces chercheurs ont constaté que l'infanticide était possible chez près de 120 espèces ! Gorilles, babouins, léopards, ours, écureuils, zèbres alimentent la lugubre liste des tueurs de nouveau-nés.

Pour pouvoir s'accoupler, les lions (*Panthera leo*) tuent parfois les lionceaux des autres mâles.

L'alimentation des mammifères

34 De quoi se nourrissent les mammifères ?

Les mammifères mangent tout ce qui peut se manger. Les espèces ont toutefois des régimes alimentaires plus ou moins spécialisés. Certaines se nourrissent essentiellement de matière végétale (phytophages), d'autres de matière animale (zoophages), d'autres enfin sont capables de manger des deux (omnivores). Néanmoins, cette classification grossière ne reflète que peu la grande diversité des régimes alimentaires.

La nourriture végétale peut se présenter sous différentes formes : végétaux herbacés, végétaux ligneux, racines, feuilles, fruits, graines, fleurs... Les mammifères consomment de façon plus ou moins exclusive chacune d'entre elles. Beaucoup d'ongulés, et particulièrement les bovidés, se nourrissent essentiellement de plantes peu ligneuses telles les graminées. Ce sont les vrais herbivores.
Bien qu'également herbivores, les cervidés mangent plus volontiers des plantes ligneuses, tels des arbrisseaux ou des petites branches. Ils sont connus pour écorcer certains arbres en été ou en hiver. Les feuilles sont aussi consommées. Les castors ont un régime alimentaire similaire. C'est pour accéder aux parties tendres des arbres (branchettes, feuilles, écorces) qu'ils les abattent, et non pour consommer le bois. Une fois écorcés, les branches ou troncs pas trop gros serviront également de matériaux de construction (voir question 69).
De nombreux mammifères consomment des racines, des graines ou des fruits. Certains primates ou chiroptères tropicaux sont même quasi exclusivement frugivores. D'autres, comme le lémur brun de Sanford (*Eulemur sanfordi*), consomment des fleurs.
Plus étonnants, des chauves-souris tropicales ou des phalangers consomment du nectar, qu'on réserverait volontiers aux oiseaux-mouches (colibris) ou aux insectes. Des primates, tels les microcèbes ou les tamarins, mangent à l'occasion la gomme exsudée par certains arbres.
Certains mammifères phytophages sont très spécialisés. Le koala (*Phascolarctos cinereus*) se nourrit presque seulement de certaines espèces d'eucalyptus. Le grand panda (*Ailuropoda melanoleuca*), le petit panda (*Ailurus fulgens*) ou les lémuriens des genres *Prolemur* et *Hapalemur* se nourrissent essentiellement de bambous.
Les champignons ne sont pas dédaignés non plus. Ils sont par exemple appréciés du campagnol roussâtre (*Clethrionomys glareolus*) et de l'écureuil roux (*Sciurus vulgaris*). Le renne (*Rangifer tarandus*) mange des lichens.
La nourriture animale est également consommée sous toutes ses formes. Les félidés sont parmi les plus carnivores, l'ingestion de végétaux étant anecdotique (tout du moins à des fins alimentaires). L'ours blanc (*Ursus maritimus*) est aussi quasi exclusivement carnivore. Mais, contrairement aux félidés, il peut se montrer charognard.

Les mammifères consomment tous types de vertébrés, y compris d'autres mammifères. Les phoques, les loutres ou la chauve-souris pêcheuse (*Noctilio leporinus*) mangent des poissons. Amphibiens et reptiles sont les proies respectivement du putois (*Mustela putorius*) et des mangoustes. Les félins prisent les oiseaux. Les œufs de ces derniers régalent le lérot (*Eliomys quercinus*) ou la martre (*Martes martes*). Les chimpanzés (*Pan troglodytes*) mangent d'autres singes (en particulier des colobes). Et il existe trois espèces de chauves-souris vampires d'Amérique centrale et du Sud se nourrissant uniquement du sang de mammifères et d'oiseaux (voir question 74).
Les petits invertébrés (mollusques, insectes, araignées, crustacés...) figurent au menu des musaraignes ou des hérissons. Les chauves-souris européennes ont un régime alimentaire quasi exclusivement insectivore ou arachnivore (consommation d'araignées).
Certaines espèces sont spécialisées dans la consommation des fourmis et des termites, telles que les fourmiliers, les échidnés ou l'ours lippu (*Melursus ursinus*).
L'un des insectivores les plus curieux est l'aye-aye (*Daubentonia madagascariensis*). Son 3e doigt de la main, démesuré, lui permet de déloger des larves au fond de cavités étroites et profondes.
Les baleines à fanons se nourrissent de krill, des sortes de petites crevettes vivant par millions à la limite de la banquise.
Le miel, substance d'origine animale, est une gourmandise appréciée de bien des mammifères, et en premier lieu... des ours.
Beaucoup de mammifères sont plus ou moins omnivores (à la fois phytophages et zoophages). La fouine (*Martes foina*), par exemple, bien que largement carnivore, se gave de mûres à la fin de l'été. Le campagnol agreste (*Microtus agrestis*), principalement herbivore, complète à l'occasion son repas avec des larves d'insectes. Mais certaines espèces opportunistes sont vraiment prêtes à manger tout (ou presque) ce qu'elles trouvent sur leur chemin. Leur régime alimentaire peut ainsi fortement varier d'une saison à l'autre. C'est le cas de l'ours brun (*Ursus arctos*) ou du sanglier (*Sus scrofa*). Enfin, de nombreux mammifères, tel le renard roux (*Vulpes vulpes*), consomment les déchets alimentaires produits par l'homme, n'hésitant pas à faire les poubelles.

35 Les mammifères mangent-ils salé ?

Les mammifères, comme toutes les espèces animales, se nourrissent de la matière organique qui compose leurs aliments. Ces derniers leur apportent également d'autres substances indispensables comme des sels minéraux, en particulier le chlorure de sodium. Celui-ci est peu présent dans les plantes herbacées. C'est pourquoi les herbivores en manquent souvent. En montagne, il n'est pas rare de voir des bouquetins lécher des rochers pour récupérer un peu de sel. Ils n'hésitent pas à grimper dans des falaises vertigineuses, voire sur des parois à pic de barrages, pour récupérer ce précieux complément alimentaire. Les éleveurs placent des blocs de sel dans les prés pour leurs vaches. Les gardes forestiers font de même pour les cerfs élaphes (*Cervus elaphus*) et les bisons d'Europe (*Bos bonasus*) en forêt de Bialowieza (Pologne). L'histoire des éléphants d'Afrique (*Loxodonta africana*) vivant sur le mont Elgon, situé à la frontière du Kenya et de l'Ouganda, est singulière. Ceux-ci, au péril de leur vie, entrent dans une grotte de ce volcan éteint, la grotte de Kitum, et grattent ses parois avec leurs défenses pour en décoller des fragments de roches, riches en sels de sodium, qu'ils mâchent.

Le bouquetin des Alpes (*Capra ibex*) gravit parfois les parois des barrages pour en lécher le sel.

36 Leur denture révèle-t-elle leur alimentation ?

C'est un caractère propre à ce groupe d'animaux (voir question 1) : la plupart des mammifères possèdent des dents spécialisées (incisives, canines, prémolaires et molaires). Chacune a une fonction. Les incisives tranchent les aliments. Les canines les déchiquettent. Molaires et prémolaires les broient. Ces dents peuvent changer de forme, de taille, de nombre d'une espèce à l'autre, elles sont donc le plus adaptées possible au régime alimentaire de ces animaux (voir question 34).

Les mammifères phytophages ont peu besoin de canines. Elles sont généralement absentes ou transformées. Un espace sans dent, appelé « diastème », peut donc exister entre les prémolaires et les incisives. Chez les plus herbivores d'entre eux, par exemple les ruminants, les lièvres ou les campagnols, les prémolaires et les molaires ont une croissance continue car les herbes, riches en silice, les usent beaucoup. Ces dents n'ont pas de racines, contrairement aux dents à croissance non continue. Leur surface est beaucoup plus plate que chez les zoophages ou les omnivores. Les incisives sont uniquement développées chez les phytophages, qui rongent leurs aliments (écureuils, castors, campagnols, ragondins, lapins, lièvres...). Elles sont également à croissance continue. Chez les cervidés et les bovidés, les incisives manquent parfois à la mâchoire supérieure. Cependant, il arrive que la canine inférieure prenne la forme d'une incisive.

La denture des zoophages varie beaucoup, tant il peut exister de régimes alimentaires spécialisés. Chez les carnivores, les canines sont généralement très grandes (crocs). Molaires et prémolaires sont très tranchantes, ayant perdu leur fonction de broyage, inutile pour consommer de la viande. Plus remarquable : la spécialisation de deux dents, la dernière prémolaire supérieure et la première molaire inférieure, en carnassières. Cette paire de dents très puissantes permet au carnivore d'arracher la chair et de ronger les os. C'est pourquoi ces animaux mangent de côté lorsqu'ils s'alimentent. Les propriétaires de chiens ou de chats le savent bien.

Chez les insectivores, les dents sont généralement petites et très pointues, y compris les incisives, afin de pouvoir déchiqueter la couche de chitine recouvrant les insectes. Les taupes ont toutefois des incisives tranchantes qui leur permettent en particulier de couper des racines lorsqu'elles creusent leurs galeries.

Les omnivores, tel l'ours brun (*Ursus arctos*) ou l'homme (*Homo sapiens*), possèdent généralement les quatre types de dents, qui gardent leurs formes bien adaptées à leurs fonctions initiales. Les souris et les mulots présentent toutefois une denture hors norme. Tout comme nous, ils possèdent des molaires typiques d'omnivores, à croissance non continue et à surface tuberculée. Par contre, ils n'ont pas de canines et leurs incisives sont à croissance continue, nous rappelant que ce sont bien des rongeurs.

Généralement, on peut donc facilement déterminer le régime alimentaire d'une espèce de mammifère en regardant sa denture — ce qui facilite notamment le travail des paléontologues.

Il existe cependant quelques exceptions. L'ours blanc (*Ursus maritimus*) a divergé assez récemment de l'ours brun (il y a 150 000 ans environ). Bien qu'il ait un régime très carnivore, sa denture est restée celle d'un omnivore. Ses proies favorites, des jeunes phoques, ayant une chair assez tendre, il n'a pas développé de molaires tranchantes.

Un carnivore, le lycaon (*Lycaon pictus*), montrant sa denture.

La plupart des cétacés à dents (odontocètes), tels que le cachalot (*Physeter macrocephalus*) ou le grand dauphin (*Tursiops truncatus*), ont des dents coniques presque identiques. On ne distingue pas chez eux les quatre types classiques de dents. Il ne s'agit pas d'un caractère primitif, mais plutôt d'une adaptation à la capture de proies glissantes en milieu aquatique. En effet, leurs ancêtres terrestres possédaient des dents différenciées.

37 Comment calculer la formule dentaire d'un mammifère ?

On décrit habituellement la denture d'un mammifère par une formule dentaire. Le nombre de dents peut être différent sur le maxillaire (mâchoire supérieure) et sur la mandibule (mâchoire inférieure). Par contre, elles se répartissent normalement symétriquement sur chaque moitié de ceux-ci. Il suffit donc de compter les dents sur un demi-maxillaire et sur une demi-mandibule. On compte d'abord les incisives, puis les canines, suivies des prémolaires et des molaires. Par exemple, la formule dentaire du lapin de garenne (*Oryctolagus cuniculus*) est 2/1, 0/0, 3/2, 3/3. Chaque demi-maxillaire porte donc 2 incisives, 0 canine, 3 prémolaires et 3 molaires. Chaque demi-mandibule porte 1 incisive, 0 canine, 2 prémolaires et 3 molaires. Un lapin de garenne possède 14 × 2 = 28 dents. Vous saurez désormais écrire votre propre formule dentaire !

38 Tous les mammifères ont-ils le même nombre de dents ?

Les premiers mammifères modernes qui vécurent au début de l'Éocène, il y a environ 56 millions d'années, possédaient 44 dents (12 incisives, 4 canines, 16 prémolaires et 12 molaires), réparties de façon égale sur l'os maxillaire (mâchoire supérieure) et la mandibule (mâchoire inférieure). On considère que c'est la denture complète. Le sanglier (*Sus scrofa*) a conservé cette denture primitive. Sa formule dentaire (voir question 37) est 3/3, 1/1, 4/4, 3/3.

Mais le nombre de dents s'est modifié avec l'adaptation des espèces à des régimes particuliers (voir question 36). Les dents les moins utiles ont diminué en nombre, voire disparu, de telle sorte que la plupart des espèces ont moins de 44 dents. Par exemple, le campagnol des champs (*Microtus arvalis*), un rongeur herbivore, a perdu ses canines et ses prémolaires. Ses incisives lui sont précieuses mais il n'en a gardé qu'une paire puissante : il lui reste 16 dents (1/1, 0/0, 0/0, 3/3).

Le vampire commun (*Desmodus rotundus*) ne se nourrit que de sang (voir question 74). Ses molaires ne lui étant pas utiles, il les a perdues. Il lui reste 20 dents (1/2, 1/1, 2/3, 0/0).

Chez certaines espèces, ce nombre peut varier d'un individu adulte à l'autre. Le bison d'Europe (*Bos bonasus*) peut avoir 30 ou 32 dents. Il porte en effet 4 ou 6 prémolaires sur la mâchoire inférieure (0/3, 0/1, 3/2-3, 3/3). Ce nombre peut aussi changer avec l'âge. Par exemple, chez l'homme, il est de 20 chez l'enfant (dents de lait) et de 32 chez l'adulte.

Chez certains mammifères au régime alimentaire particulier, la réduction du nombre de dents est extrême. Le tamanoir (*Myrmecophaga tridactyla*), qui se nourrit essentiellement de fourmis et de termites, n'a plus besoin de dents du tout. Sa formule dentaire est donc… 0/0, 0/0, 0/0, 0/0 !

La disparition des dents a parfois une origine singulière. L'ours lippu (*Melursus ursinus*), qui se nourrit lui aussi en partie de fourmis et de termites, a perdu 2 incisives sur la mâchoire supérieure. L'orifice ainsi formé lui permet de passer sa longue langue pour récolter les insectes sans avoir à ouvrir la bouche.

Comme bien souvent, les cétacés font exception. Certaines espèces ont subi, de même que les autres mammifères, une réduction du nombre de dents. Les baleines n'en ont pas, celles-ci étant remplacées par des fanons, lames kératinisées d'origine épidermique. Les narvals mâles (*Monodon monoceros*) ne possèdent généralement qu'une dent, qui peut atteindre 3 m mais, la plupart du temps, les femelles en sont dépourvues. La grande majorité des baleines à bec n'ont que 2 dents. Les baleines à bec boréales (*Hyperoodon ampullatus*) et australes (*H. planifrons*) n'en ont pas. *A contrario*, la plupart des autres cétacés à dents disposent de largement plus de 44 dents. Par exemple 240 chez le dauphin à long bec (*Stenella longirostris*). Les cétacés n'ayant pas d'incisives, de canines, de prémolaires ou de molaires différenciées, on ne décrit pas leur denture à l'aide de la formule dentaire.

39 Pourquoi les vaches ruminent-elles ?

Les vaches, et plus généralement les bovidés, forment avec les chevrotins, les girafidés, le pronghorn (*Antilocapra americana*), les porte-muscs et les cervidés le sous-ordre des ruminants, situé dans l'ordre des cétartiodactyles. Bien qu'appartenant à un autre sous-ordre, les camélidés ruminent également, mais ne sont pas des ruminants au sens taxonomique. Au cours de l'Éocène, il y a plus de 34 millions d'années, les ancêtres des ruminants vivaient sous un climat subtropical chaud. Ils étaient forestiers et consommaient des aliments variés, parmi lesquels beaucoup de fruits. À la fin de cette période, le climat s'est considérablement rafraîchi. Les fruits ont commencé à manquer et le paysage s'est ouvert, laissant place à de grandes steppes. Ces ancêtres ont alors dû consommer de plus en plus de végétaux herbacés qui, contrairement aux fruits, sont riches en cellulose, biomolécule très difficile à dégrader. Leur appareil digestif s'est donc peu à peu adapté et le processus de rumination est apparu afin de faciliter la dégradation de la cellulose. La rumination est ainsi devenue le moyen le plus efficace pour transformer ce composant majeur des végétaux en une molécule assimilable par l'organisme lors de la digestion : le dextrose.
Si les vaches ruminent, c'est donc pour digérer au mieux les végétaux herbacés qui composent leur régime alimentaire. Mais comment fonctionne la rumination ? L'appareil digestif des ruminants est complexe. Il possède 3 ou 4 poches : la panse, le bonnet, le feuillet (absent chez les camélidés) et la caillette. L'œsophage débouche dans la panse et les intestins partent de la caillette. Les trois premiers compartiments peuvent être qualifiés de « pré-estomac » : ils sont le siège d'une digestion microbienne. La caillette constitue le véritable estomac, siège d'une digestion enzymatique.
Dans le détail, la vache prélève d'abord les végétaux en les saisissant entre ses incisives inférieures et le bourrelet gingival de sa mâchoire supérieure et en les arrachant ; puis elle les mâche brièvement, avant de les avaler. Arrivés dans la panse, les aliments sont soumis à une fermentation anaérobie sous l'action de microorganismes symbiotiques provenant du bonnet où ils se développent. La cellulose commence à se dégrader. Quand la panse est pleine, la vache cesse de s'alimenter et régurgite son contenu, une

bouillie constituée de particules végétales imprégnées du liquide épais provenant de la panse et du bonnet. Elle broie ensuite longuement ce bol alimentaire afin de fragmenter encore les particules végétales, ce qui augmente la surface de contact avec les microorganismes. C'est la rumination proprement dite.

Ingurgité à nouveau, le bol alimentaire repasse dans la panse, où la dégradation de la cellulose se poursuit. Lors de son passage dans le bonnet, le bol est filtré, les particules de plus de 1 mm étant retenues. Un nouveau filtrage est effectué au niveau du feuillet, les particules qui ne sont pas assez fermentées retournant vers le bonnet. Le bol alimentaire atteint enfin la caillette, où la digestion se poursuit.

Les animaux consommant des végétaux sont nombreux, qu'ils soient végétariens stricts ou omnivores. Tous sont confrontés à la difficile dégradation de la cellulose. Chez les mammifères non ruminants, ce processus s'effectue dans le gros intestin et le cæcum, donc après le passage des aliments dans l'estomac, et donc aussi après le passage dans les parties les plus absorbantes de l'intestin grêle. Là encore, ce sont des microorganismes symbiotiques qui réalisent cette dégradation par fermentation. La grande particularité de la rumination est que cette dégradation a lieu essentiellement avant la digestion proprement dite, assurant un bien meilleur rendement et une meilleure assimilation. Pour s'en convaincre, il suffit de comparer le crottin du cheval à la bouse de la vache. Le premier contient encore des fibres végétales alors que la seconde a un contenu homogène, avec des particules solides très fines.

Certains mammifères végétariens non ruminants (marmottes, castors, lièvres, lapins...) ont adopté un comportement singulier : ils ingèrent les crottes issues du premier passage dans le tractus digestif afin de compléter la digestion de la cellulose. C'est la cæcotrophie. Les colobes, quant à eux, ont acquis un estomac complexe, composé de plusieurs poches, et dont le fonctionnement évoque celui de l'appareil digestif des ruminants. Mais ils ne ruminent pas à proprement parler : ils ne régurgitent pas leurs aliments pour les mastiquer longuement.

La rumination confère donc un avantage dans la mesure où les espèces ruminantes profitent mieux des végétaux qu'elles consomment. Par ailleurs, elles passent peu de temps à avaler la nourriture et sont donc moins exposées aux prédateurs, la rumination se faisant dans un endroit abrité. Mais ce processus a l'inconvénient d'être long, les obligeant à rester longtemps immobiles. Quatre jours s'écoulent parfois entre la prise alimentaire et l'excrétion. Par ailleurs, la rumination est désavantageuse en cas de consommation de fruits, les sucres et autres nutriments étant éliminés en partie avant la digestion proprement dite et n'étant donc que partiellement assimilés. Néanmoins, les chevrotins, ruminants forestiers, ont un régime alimentaire essentiellement frugivore.

40 Comment les carnivores chassent-ils ?

Hormis les charognards stricts, les espèces consommant des animaux ont dû développer de nombreux stratagèmes pour capturer leurs proies. On pense notamment aux araignées ou, chez les mammifères, aux chauves-souris. Les mammifères au régime carnivore ne font pas exception, pratiquant de nombreux modes de chasse (chasse à l'affût, chasse à courre...).

La chasse à l'affût consiste à attendre qu'une proie passe à portée pour l'attaquer. Le lynx boréal (*Lynx lynx*) est adepte de cette technique. Il repère les lieux régulièrement fréquentés par ses proies, par exemple une prairie où viennent s'alimenter des chevreuils (*Capreolus capreolus*), puis se tapit dans les herbes, juste à la lisière. Malheur au chevreuil qui s'approchera trop près ! Cette technique réclame beaucoup de patience, voire un soupçon de chance, mais son auteur dépense très peu d'énergie. Elle est pratiquée par des chasseurs solitaires.

La chasse à courre consiste à poursuivre sa proie. Elle est parfois précédée d'une approche quand le prédateur est plus rapide qu'endurant. Dans ce cas, une fois la proie repérée, le prédateur s'avance au plus près d'elle afin de maximiser ses chances de la capturer, utilisant les inégalités du sol et la végétation pour ne pas se faire détecter. Cette approche est cruciale pour les espèces qui ne peuvent courir sur de grandes distances, tel le guépard (*Acinonyx jubatus*). Celui-ci cesse généralement sa course au bout de 300 m s'il n'est pas parvenu à capturer sa proie. Le renard roux (*Vulpes vulpes*) utilise également cette technique pour capturer des oiseaux au sol, tels les faisans. Si l'oiseau convoité s'aperçoit de la présence du prédateur suffisamment tôt pour pouvoir prendre son envol, ce dernier dira adieu à son repas : pas question de le rattraper à la course ! Le prédateur pourra tout au plus tenter de le capturer par un bond désespéré. Le guépard et le renard roux chassent en solitaire, mais ce n'est pas toujours le cas chez les carnivores. Chez les lions (*Panthera leo*) aussi, l'attaque est de courte durée et nécessite parfois préalablement une approche longue et discrète. Mais la chasse est souvent collective (jusqu'à 14 individus) et coordonnée : certains encerclent les proies et les rabattent vers d'autres, placés en embuscade.

La chasse à courre n'implique pas toujours une approche discrète. Dans ce cas, elle est généralement pratiquée collectivement et vise souvent des proies regroupées (un troupeau d'ongulés, par exemple). Le fait de les mettre en mouvement permettra de repérer un jeune isolé ou un individu blessé ou malade, qui deviendra la cible des prédateurs. L'hyène tachetée (*Crocuta crocuta*) opère très souvent de la sorte. Ce type de chasse est également pratiqué par certains canidés sociaux (voir question 43) tels que le loup gris (*Canis lupus*) ou le lycaon (*Lycaon pictus*). Les orques (*Orcinus orca*) aussi chassent souvent collectivement, en poursuivant leurs proies, chacun ayant un rôle particulier à jouer. Ce type de chasse nécessite moins de rapidité mais plus d'endurance que les modes précédemment cités.

Chez les omnivores (qui ne consomment pas uniquement de la viande), la chasse peut être opportuniste. Le renard roux parcourt son territoire à la recherche de nourriture. Si l'occasion de capturer une proie se présente, il va entamer une action de chasse en adoptant la technique adéquate. Par exemple, il va se mettre à l'affût devant un terrier de campagnol et bondir sur son habitant quand il en sortira (on dit qu'il « mulote »). Occasionnellement, certains groupes de chimpanzés (*Pan troglodytes*) ou de babouins pratiquent la chasse de petits ongulés, voire d'autres singes, soit individuellement, soit collectivement. Si une opportunité se présente, les chimpanzés peuvent alors se coordonner très vite, certains opérant l'attaque, les autres barrant les voies possibles de fuite.

Certaines techniques de chasse étonnent par leur originalité. Ainsi, les orques sont capables, collectivement, d'isoler un fragment de glace sur lequel se trouve un phoque pour l'empêcher de fuir sur la banquise, puis de générer des vagues qui le feront tomber à l'eau, faisant alors de lui une proie facile. Ils s'échouent également volontairement sur certaines plages pour capturer de jeunes éléphants de mer austraux (*Mirounga leonina*) (voir question 49). D'autres espèces comme la mangouste ichneumon (*Herpestes ichneumon*) ou quelques canidés seraient capables de leurrer des proies en effectuant des cabrioles et autres pitreries pour les captiver et les rendre vulnérables.

Le loup gris (*Canis lupus*) chasse souvent en meute.

41 Quels mammifères font des provisions ?

Faire des provisions, c'est stocker des produits consommables en vue d'une utilisation future. Si l'homme fait des provisions en toute conscience, beaucoup d'espèces s'adonnent également à cette activité par pur instinct, mais leur survie en dépend.

Les mammifères qui font des provisions ont souvent un régime alimentaire végétarien spécialisé, les aliments végétaux se conservant mieux que ceux d'origine animale, et vivent dans des régions où la production de cette nourriture est saisonnière ou aléatoire. C'est le cas des rongeurs granivores des régions tempérées. La production de graines (ou de fruits à coque) étant saisonnière dans ces contrées, en faire des réserves leur permettra de s'en nourrir en hiver. Ils utilisent très souvent des terriers à cet effet. Le grand hamster (*Cricetus cricetus*) y aménage des chambres spécialement pour cela. La souris des steppes (*Mus spicilegus*) place ses provisions dans des monticules de terre de 40 cm à 80 cm de haut. Ces greniers, partagés par plusieurs individus, peuvent contenir jusqu'à 10 kg de graines ! Parfois, le stockage est plus simple. L'écureuil roux (*Sciurus vulgaris*) enterre une à une, à faible profondeur, les noisettes en surplus. Il reviendra les manger plus tard, quand les noisetiers ne produiront plus. Par ailleurs, les aliments stockés ne sont pas nécessairement des graines. Ainsi, dans les estives pyrénéennes, le campagnol des champs (*Microtus arvalis*) accumule sous la neige, près de son terrier, des tubercules de muguette (*Conopodium majus*), de renoncule bulbeuse (*Ranunculus bulbosus*) et de crocus (*Crocus automnalis*). Les greniers ne bénéficient pas qu'à ceux qui les constituent. De nombreux animaux (sanglier *Sus scrofa*, ours brun *Ursus arctos*, blaireau *Meles meles*...) capables de creuser profitent de cette nourriture ponctuellement abondante et la pillent sans vergogne. En outre, au printemps, les réserves oubliées ou inutilisées pourront germer ou, pour les tubercules, donner naissance à de nouveaux pieds. Ainsi, les mammifères végétariens qui constituent des provisions contribuent grandement à la dissémination des plantes qu'ils consomment.

La mise en provision de nourriture animale par les mammifères est moins répandue. Toutefois, on sait que les taupes stockent des vers de terre, après les avoir paralysés par une morsure à l'extrémité antérieure, ce qui permet de les

L'écureuil roux (*Sciurus vulgaris*) enterre le surplus de noix ou de noisettes pour l'hiver.

garder vivants. Une réserve d'environ 2 kg (environ 1 280 vers de terre) a ainsi été découverte. Certains carnivores (hyène rayée *Hyaena hyaena*, hyène brune *H. brunnea*, léopard *Panthera pardus*, caracal *Felis caracal*, nombreux mustélidés…) stockent le surplus de nourriture dans leurs terriers ou dans les arbres. Mais c'est davantage pour le mettre hors d'atteinte d'éventuels chapardeurs qu'en prévision de disette : ils consommeront ces aliments dans les jours qui suivent.

42 Certains mammifères utilisent-ils des outils ?

L'homme a longtemps cru être la seule espèce à savoir fabriquer et utiliser des outils. Aussi, quand Jane Goodall, dans les années 1960, porta à la connaissance de la communauté scientifique ses observations sur les chimpanzés (*Pan troglodytes*) de Gombe, ce fut une révolution. Eux aussi avaient cette capacité, certes à un degré moindre que les humains. Depuis, avec le développement de l'éthologie (science qui étudie les comportements), l'usage d'objets a été trouvé chez de nombreuses espèces du règne animal, en particulier parmi les oiseaux et les mammifères. Il reste néanmoins difficile de délimiter ce qu'est un outil et, par conséquent, de statuer sur le fait qu'une espèce en utilise ou non. Un objet ramassé afin d'être employé sans transformation pour réaliser une opération déterminée (briser une coquille par exemple) peut déjà être qualifié d'outil. Mais les définitions les plus strictes précisent que cet objet doit être fabriqué. Le fait de casser une branche à la longueur voulue fait donc de celle-ci un vrai outil. Jane Goodall fait ainsi la différence entre l'utilisation d'objets (qualifiés d'outils primaires, ou proto-outils) et l'utilisation d'outils.

Chez les mammifères, les espèces employant des objets non travaillés sont assez nombreuses. Les mangoustes se servent des rochers comme d'enclumes pour briser les carapaces de coléoptères ou des coquilles d'œufs qu'elles y projettent. La loutre à joues blanches (*Aonyx capensis*) procède de même avec les moules d'eau douce. La loutre de mer (*Enhydra lutris*) utilise également un galet comme enclume pour ouvrir les coquillages. Mais sa technique est plus sophistiquée puisqu'elle le manipule. Alors qu'elle flotte sur le dos, elle le pose sur son ventre émergé et y frappe violemment le coquillage. Plus étonnant encore, alors qu'elle est en plongée, elle utilise une pierre, cette fois-ci comme marteau, pour déloger des ormeaux coincés dans les rochers. En Australie, des grands dauphins de l'Indo-Pacifique (*Tursiops aduncus*) utilisent des éponges qu'ils coincent sur le haut de leur rostre pour le protéger quand ils fouillent les sédiments à la recherche de poissons benthiques enfouis dans le sable.

L'usage de vrais outils (objets fabriqués) est moins répandu. Les chimpanzés sont sans conteste les champions de l'outillage. Ils fabriquent de nombreux outils, dont les usages dépendent des populations (toutes n'utilisent pas les mêmes), ce qui démontre que cette pratique résulte d'un apprentissage et que sa transmission est culturelle. Des feuilles mâchées ou des mousses peuvent servir d'éponge pour collecter l'eau piégée dans la cavité d'un arbre. Des feuilles de graminées glissées dans une termitière permettent d'en « pêcher » les occupants, qui s'agrippent à elles pour se défendre. Les chimpanzés utilisent également de petits bâtons, ou des tiges préalablement débarrassées de leurs feuilles, pour collecter les fourmis ou les abeilles, qui y grimpent. Au Sénégal, ils délogent les galagos de trous d'arbres à l'aide de bâtons pointus. En Afrique de l'Ouest, ils emploient des pierres ou des morceaux de bois pour casser des noix posées sur une pierre plate. Ces objets peuvent même se transformer en armes : les chimpanzés jettent des pierres à leurs ennemis ou les frappent avec des bâtons.

D'autres primates fabriquent des outils, mais en moindre quantité que le chimpanzé. Le bonobo (*Pan paniscus*) utilise la technique de l'éponge pour boire. L'orang-outan de Sumatra (*Pongo abelii*) se sert de baguettes pour attraper des fourmis. Le gorille de l'Ouest (*Gorilla gorilla*) s'aide d'un bâton de marche quand il circule debout dans un secteur inondé. Le mandrill (*Mandrillus sphinx*) emploie des branchettes modifiées pour se nettoyer les oreilles ou le dessous des ongles…

Les exemples sont nombreux chez les singes, y compris non hominidés. Plus étonnant, les éléphants d'Asie (*Elephas maximus*) utilisent des branches comme chasse-mouches à l'aide de leur trompe. Ils sont capables de les façonner afin de leur donner la longueur et la surface voulues. Ces branches transformées peuvent donc être considérées comme de vrais outils ! Ces éléphants intègrent ainsi, avec le chimpanzé et quelques autres primates, le club très fermé des animaux fabricants d'outils.

Chimpanzé (*Pan troglodytes*) utilisant une branchette pour collecter des insectes.

Épouillage
d'un jeune magot
(*Macaca sylvanus*)
par un de ses
parents.

La socialité des mammifères

43 Quels mammifères vivent en société ?

La vie en société implique que des liens soient entretenus de façon permanente entre les individus d'un groupe. Dans le monde animal, c'est un mode de vie plutôt rare. Des chercheurs ont estimé qu'une espèce sur mille est sociale. La vie en solitaire (dénuée de liens sociaux, ou presque) n'est pas la règle chez les mammifères, mais elle est majoritaire dans certaines familles comme les viverridés, les mustélidés ou les félidés. Ce mode de vie peut toutefois changer selon les saisons ou des circonstances particulières. Des individus d'ordinaire solitaires peuvent s'agréger temporairement. Les ours bruns (*Ursus arctos*) d'Amérique du Nord se regroupent saisonnièrement lorsque les saumons remontent dans les portions de rivières où ils sont facilement capturables. Dans le nord de leur aire de répartition, les femelles et les jeunes de la moufette rayée (*Mephitis mephitis*) se rassemblent (jusqu'à 20 individus) dans des terriers communautaires pour passer l'hiver, probablement pour lutter contre le froid. Les lemmings des toundras (*Lemmus lemmus*) émigrent massivement tous les vingt à trente ans quand ils sont en surpopulation.

Cela ne fait pas de ces espèces des animaux sociaux. Par ailleurs, les animaux grégaires (qui vivent en permanence en groupe) n'entretiennent pas nécessairement de forts liens sociaux entre eux. Il est cependant parfois difficile de juger du degré de socialité des espèces ayant de grands territoires, qui peuvent communiquer plus intensément que nous le percevons car nous ne captons qu'une faible part des messages olfactifs ou sonores qu'elles échangent. Ainsi, les baleines bleues (*Balaenoptera musculus*) sont certainement moins solitaires qu'il n'y paraît : elles peuvent en effet communiquer à des centaines de kilomètres grâce aux infrasons (voir question 48) et entretiennent probablement des liens sociaux hors de la période de reproduction. De nombreux mammifères ayant fait l'objet d'études révèlent une vie en société plus ou moins complexe, allant de l'existence de simples interactions sociales (lors de la défense d'un territoire, par exemple) à un réseau social élaboré, dans lequel s'installe souvent une hiérarchie.

La naissance d'une vie sociale nécessite un minimum de grégarité. Le groupe peut être constitué de peu d'individus, mais ceux-ci doivent se rassembler pour eux-mêmes et non à cause de facteurs de l'environnement. On peut classer la socialité selon divers niveaux. Le stade subsocial implique l'existence de comportements parentaux, et donc d'une famille, souvent maternelle (voir question 32 pour la contribution des mâles aux soins aux jeunes) : c'est en fait le cas de tous les mammifères. On peut vraiment parler de sociétés animales à partir des niveaux suivants. Au stade colonial, les familles restent indépendantes mais sont regroupées en colonies (marmottes par exemple). Les soins aux jeunes sont individuels mais peuvent s'effectuer dans un site d'élevage commun (nurserie), comme chez certains pinnipèdes ou chauves-souris. Au stade communal, les femelles coopèrent dans les soins aux jeunes, sans qu'il y ait spécialisation. L'hyène brune (*Hyaena brunnea*), le lion (*Panthera leo*), les mangoustes coloniales, les chacals, le lycaon (*Lycaon pictus*), le loup gris (*Canis lupus*), le renard roux (*Vulpes vulpes*) (voir question 31) ou les primates hominidés en sont quelques exemples. Le stade ultime est l'eusocialité, qui implique en particulier l'existence d'individus spécialisés dans la reproduction aboutissant à une division du travail, ou polyéthisme. On pense immédiatement aux termites, aux fourmis et aux abeilles. Pourrait-on imaginer qu'il existe une telle organisation sociale chez les mammifères ? Et pourtant, deux espèces ont atteint ce stade : le rat-taupe de Damara (*Fukomys damarensis*) et le rat-taupe nu (*Heterocephalus glaber*) (voir question 44).

Colonie de lions de mer de Steller (*Eumetopias jubatus*).

44 Quel est le point commun entre un rat-taupe nu et une termite ?

Le stade ultime de la socialité est l'eusocialité (voir question 43). Elle requiert simultanément les trois conditions suivantes : des générations qui se chevauchent, une division du travail (polyéthisme) organisée autour d'individus spécialisés dans la reproduction, et une coopération dans l'élevage des jeunes. Par ailleurs, chez les espèces eusociales, la cohésion entre individus est très forte, et l'échange d'information intense. Dans sa définition la plus stricte, l'eusocialité implique une organisation en castes (groupes sociaux endogames, c'est-à-dire dont les individus reproducteurs proviennent du groupe lui-même). Les termites, exemple classique d'insectes eusociaux, sont organisés en castes, les individus sexués participant à la reproduction et les individus neutres

jouant le rôle d'ouvriers ou de soldats. La coopération entre individus est très forte (soins aux jeunes, recherche et partage de nourriture, protection de la colonie). Dans chaque colonie, la reproduction est assurée par une seule femelle et un seul mâle, appelés respectivement « reine » et « roi ».C'est un couple ailé dont les individus sont issus de la même termitière qui fondera une nouvelle colonie. Chez les termites, l'activité de l'individu est définie dès sa naissance et ne change pas (polyéthisme de caste), contrairement aux abeilles, chez qui cette activité dépend de l'âge (polyéthisme d'âge).
Deux mammifères peuvent être considérés comme des espèces eusociales : le rat-taupe de Damara (*Fukomys damarensis*) et le rat-taupe nu (*Heterocephalus glaber*). Le rat-taupe de Damara, rongeur fouisseur d'Afrique australe, vit au sein d'une colonie composée d'une femelle reproductrice, de 1 à 2 mâles reproducteurs et de leurs descendants (jusqu'à 40 individus). Ces derniers, bien que non stériles, ne participent pas à la reproduction. Les femelles n'ovulent pas, inhibées par la femelle reproductrice. Ces non-reproducteurs participent collectivement à la recherche de la nourriture, à l'entretien et à la défense du terrier, ainsi qu'à l'élevage des jeunes. Le type d'activité d'un individu dépend surtout de sa taille. Des études génétiques ont toutefois montré, au sein des colonies, une paternité multiple impliquant des individus étrangers, ce qui laisse à penser que des mâles immigrants participent activement à la reproduction. Il n'y a donc pas de castes dans les colonies de rat-taupe de Damara.
Le rat-taupe nu, qui vit dans la corne de l'Afrique, est certainement le plus eusocial de tous les mammifères. À l'instar du rat-taupe de Damara, seule une femelle se reproduit. Elle domine tous les autres membres de la colonie (jusqu'à 290 individus) et les inhibe sexuellement sauf 1 à 3 mâles, qu'elle choisit parmi les plus âgés et les plus gros, et qui assureront la reproduction toute leur vie. L'inhibition cesse quand elle meurt, ce qui permet son remplacement par la femelle la plus agressive. Les non-reproducteurs assurent l'entretien et la défense du terrier (jusqu'à 3 km de galeries pour une colonie), la recherche de nourriture et les soins aux jeunes. Le type d'activité d'un individu dépend de son âge. Il existe une hiérarchie liée à la taille, le plus gros individu étant la femelle dominante et les plus grands individus accédant en priorité à la nourriture.

Encore plus territoriale que le rat-taupe de Damara et plus intolérante vis-à-vis des étrangers, l'espèce est très endogame et ses colonies constituent donc de véritables castes. Toutefois, la colonie produit occasionnellement des individus disperseurs, qui cherchent à s'accoupler avec des individus de colonies voisines pour en fonder de nouvelles. Comme chez le rat-taupe de Damara, un couple fondateur sans descendance meurt rapidement, de même qu'un individu non reproducteur isolé. Chez ces deux espèces de rat-taupe, habitant des contrées arides et hostiles, la coopération entre individus est donc vitale.

45 Comment les mammifères communiquent-ils ?

Il existe chez les mammifères de nombreux modes de communication. Ceux-ci peuvent se classer en quatre catégories : les signaux chimiques, visuels, tactiles ou sonores. Grâce à ces signaux, les mammifères peuvent transmettre plusieurs informations, telles que la délimitation du territoire, leur disponibilité sexuelle, ou encore prévenir d'un danger.
Un signal chimique, communément appelé « phéromone », a été défini par Karlson et Lüscher en 1959 comme une « substance (ou un mélange de substances) qui, après avoir été sécrétée à l'extérieur par un individu, est perçue par un individu de la même espèce, chez lequel elle provoque une réaction comportementale spécifique, voire une modification physiologique ». Cette substance transmet différents types de messages entre l'individu qui la sécrète et celui ou ceux qui la reçoivent (voir question 46).
Grâce aux signaux visuels, d'autres informations peuvent être transmises ! Ainsi, un loup gris (*Canis lupus*) adoptera une posture particulière, étendu sur le dos, le cou tendu vers l'adversaire et la queue collée sur le ventre, pour montrer à un de ses congénères qu'il se soumet. Au contraire, le dominant optera pour un port dressé, tête et cou tendus vers l'adversaire, crocs exhibés. En cas de danger, le chevreuil de Virginie (*Odocoileus virginianus*) prévient le reste de la harde en s'enfuyant queue dressée. Les autres chevreuils le suivront alors, et fuiront en dressant eux aussi leur queue. En période

d'œstrus, les fesses des femelles chimpanzé (*Pan troglodytes*) se gonflent et rougissent afin d'informer les mâles de leur prédisposition sexuelle. Chez de nombreuses espèces comme l'élan (*Alces alces*) ou le bouquetin des Alpes (*Capra ibex*), les mâles portent des ornements (respectivement des bois et des cornes, voir question 9) qui servent entre autres à séduire les femelles. Ces appendices, dont la production est coûteuse en énergie, renseignent la femelle sur le bon état de santé du mâle qui les porte.

Plus ou moins consciemment, l'être humain utilise aussi les signaux visuels pour transmettre des informations, notamment *via* les expressions du visage, la posture, les gestes, etc.

Les signaux tactiles sont également utilisés pour communiquer. Ainsi, un jeune gnou qui a faim frappera le flanc de sa mère avec sa tête pour lui demander de s'arrêter afin qu'il puisse téter. La répétition des coups de langue des louveteaux sur les babines de leur mère, accompagnés d'autres comportements caractéristiques, incite cette dernière à régurgiter une partie de la nourriture qu'elle a avalée pour nourrir ses petits. Ce type de signal n'est pas simplement utilisé pour quémander de la nourriture ! De nombreux primates passent beaucoup de temps à s'épouiller. Au-delà de l'intérêt hygiénique de cet acte, l'épouillage mutuel représente une forme de communication. Ce moment de détente, libérant des endorphines, inhibe les divers comportements agressifs, évacue les tensions qui peuvent, en outre, perturber la fertilité des femelles, permet à deux individus de se réconcilier, etc. L'épouillage peut aussi servir de monnaie d'échange : je te toilette mais tu partages ta nourriture avec moi ! Chez l'homme, le toucher peut intervenir dès la première prise de contact avec un autre individu.

Les sons comptent également comme canaux de communication. Chez beaucoup d'espèces (mammifères, mais aussi oiseaux), les signaux sonores sont utilisés préférentiellement à l'aube et au crépuscule. Dès le lever du jour, les forêts amazoniennes retentissent du puissant cri des singes hurleurs. Pouvant résonner jusqu'à 16 km à la ronde, ce cri manifeste l'occupation d'un territoire par une harde auprès d'autres populations de singes et annonce la composition du groupe, mais il sert aussi à intimider d'éventuels agresseurs. Il en est de même pour les meutes de loups hurlant à la lune. Comme les marmottes des Alpes (*Marmota marmota*), en

présence d'un danger (voir question 51), les singes vervets (*Chlorocebus pygerythrus*) crient pour prévenir leurs congénères. Ces derniers possèdent même différents cris en fonction de l'identité du potentiel agresseur (voir question 47).
Les signaux sonores sont aussi employés pour prévenir que de la nourriture a été découverte. Les mangoustes, notamment, s'avertissent mutuellement quand elles trouvent leur repas.
L'émission de sons permet également aux jeunes mammifères de retrouver leurs parents ou leur nid. Ainsi, même dans une forêt dense, les marcassins (*Sus scrofa*) restent en contact permanent avec leur mère grâce à de petits cris de cohésion. S'ils se perdent, ces cris évolueront en cri de détresse, poussant la mère à partir à leur recherche.
En automne, des sortes de meuglements résonnent dans nos forêts. Ce sont les cerfs mâles qui brament pour attirer les femelles et intimider les concurrents. Les éléphants et bien d'autres espèces font de même en période de rut.
Chez l'être humain, les signaux sonores sont évidemment très utilisés dans la communication.

Pour séduire les femelles, le mâle nyala (*Tragelaphus angasii*) érige sa crinière se trouvant le long de son dos et de son cou.

46 Quels messages peuvent faire passer les phéromones ?

Les phéromones sont des substances chimiques (voir question 45) qui permettent de transmettre de nombreux messages. Elles sont produites par des glandes exocrines (c'est-à-dire des glandes sécrétant des substances dans le milieu extérieur) dont le nombre et les positions varient en fonction des espèces.

Le lapin de garenne (*Oryctolagus cuniculus*) possède, au niveau du menton, des glandes qui sécrètent des phéromones utilisées pour marquer son territoire mais aussi, quand il se frotte à ses congénères, pour identifier les membres de sa colonie. De même, grâce à une grande quantité de phéromones produites par leur mère, les jeunes rats pourront la reconnaître et retrouver leur nid sans grande difficulté.

Cet éléphant d'Asie mâle (*Elephas maximus*) en rut sécrète en abondance une phéromone au niveau de ses glandes temporales.

Pour informer leurs congénères de la délimitation de leur territoire, les carnivores utiliseront leur glande anale, tandis que les cervidés se serviront de leurs glandes intercornales, de leurs glandes lacrymales, de leurs glandes métatarsiennes situées sur les jarrets et de leurs glandes interdigitales localisées entre les sabots des pattes arrière. Contrairement aux signaux du lapin et du rat précédemment décrits, la délimitation du territoire vise l'espèce en général et non un individu en particulier.

Outre la reconnaissance individuelle, spécifique ou d'un territoire, les phéromones permettent aussi de signaler une prédisposition sexuelle ou de freiner les ardeurs de concurrents. À cet égard, les éléphants possèdent des glandes au niveau des tempes. En période de musth (rut), les mâles sécrètent abondamment une phéromone pour appeler les femelles, dont la diffusion sera facilitée par le battement de leurs oreilles. Chez les rats-taupes nus (*Heterocephalus glaber*), alors que la colonie peut compter près de 300 adultes, seul le couple royal est apte à s'accoupler. En effet, la reine émet dans son urine des hormones stéroïdes qui inhibent le développement des ovaires et la production hormonale des autres femelles. À la mort de la reine, cette sécrétion n'ayant plus lieu, la stérilité des femelles cesse. La communication *via* les phéromones existe aussi chez l'être humain. La facilité du nourrisson à trouver le mamelon de sa mère pour se nourrir l'atteste : l'hormone sécrétée par les glandes mammaires se charge de le guider !

47 Certains mammifères ont-ils un langage évolué ?

Aristote définissait l'homme comme le seul animal utilisant le langage. Aujourd'hui, il est reconnu que plusieurs autres mammifères se servent de ce type de communication. Le langage est défini par le dictionnaire, d'une part, comme la capacité, observée chez tous les hommes, d'exprimer leur pensée et de communiquer au moyen d'un système de signes vocaux, d'autre part, comme un système structuré de signes non verbaux remplissant une fonction de communication (langage gestuel, langage animal).
Les singes vervets (*Chlorocebus pygerythrus*) alertent leurs congénères de l'approche d'un prédateur à l'aide de différents cris. Ces alarmes varient selon l'identité du prédateur (carnivore, serpent, rapace), provoquant chez les autres vervets une réaction adaptée à la situation. Ainsi, quand un mâle aboie, cela signifie qu'un léopard rôde autour. Toute la famille se réfugie alors sur la cime des arbres. À l'approche d'un serpent, l'observateur crie un « chuuut » et l'ensemble des vervets se met alors debout, regardant vers le bas pour chercher l'intrus. Quand un aigle est repéré, les singes toussent et tous partent se dissimuler dans des buissons.

Plus évolué comme langage, le chant des mâles de baleines à bosse (*Megaptera novaeangliae*) résonne dans les océans durant la période de reproduction. Il se définit par une succession de thèmes constitués par une répétition de phrases, ces dernières étant composées de différents sons. Ce chant est donc structuré et peut être répété pendant des heures ! Comme seul le mâle chante et qu'il ne le fait que durant la saison des amours, les scientifiques supposent qu'il s'agit là d'un langage de séduction. Bien qu'elle ne chante pas, la femelle communique oralement avec son petit. Elle peut le prévenir de l'approche d'un danger, le rappeler vers elle quand il va trop loin, lui témoigner son affection, etc.

De même, les dauphins et les orques (*Orcinus orca*) sont réputés pour utiliser un vocabulaire assez varié. Une étude menée par les docteurs Diaz et Shirihai a permis de distinguer 14 signaux sociaux chez les dauphins. Ces sons diffèrent selon leur structure et leur durée. Certains nous semblent mélodieux tandis que d'autres ressemblent à des hurlements. Les doux sifflements sont préférentiellement utilisés dans la communication entre la mère et son petit, tandis que les cris stridents servent notamment à éviter une agression physique (un individu avertit un autre de sa présence) lors de mouvements de foule. Selon ces scientifiques, ces signaux sociaux sont unidirectionnels : le message transmis n'est destiné qu'à un seul individu. Les études vont se poursuivre pour comprendre comment les informations sont perçues par les destinataires : le sont-elles comme des mots ou plutôt comme des hologrammes, c'est-à-dire une sorte d'image en 3D ? Les dauphins entendent-ils ou voient-ils les sons ?

Le langage peut aussi être gestuel. Comme les humains malentendants, les singes ont la capacité d'apprendre la langue des signes. Allen et Beatrix Gardner ont ainsi appris à une jeune femelle chimpanzé (*Pan troglodytes*) une centaine de signes qu'elle parvient à agencer en phrase et qu'elle transmettra ensuite à son fils (voir question 49) ! Quelques années plus tard, le docteur Patterson a fait de même avec un gorille. Ce dernier, dénommé Koko, maîtrise aujourd'hui plus de 1 000 signes et réussit même à exprimer certains sentiments. En effet, quand le docteur lui a appris que son chaton était mort, Koko s'est exprimé en utilisant les signes signifiant « malheureux », « fronce les sourcils », « pleurer », « triste ».

48 Quels mammifères émettent des infrasons pour communiquer ?

Les infrasons sont des ondes sonores dont les fréquences sont inférieures à 20 Hz. Ils sont trop graves pour être audibles par l'homme. Ce dernier entendant des sons compris entre 20 et 20 000 Hz, il ne perçoit pas non plus les ultrasons, ondes sonores dont les fréquences sont supérieures à 20 000 Hz, qui eux sont trop aigus.

Les éléphants utilisent les infrasons pour communiquer. En effet, outre leur célèbre barrissement, ils émettent des sons de moins de 20 Hz qui se propagent à plus de 10 km de distance, sans que l'homme soit capable de les entendre ! Leur perception des infrasons pourrait aussi leur permettre de prendre la fuite avant l'arrivée d'une catastrophe naturelle telle qu'un séisme, une éruption volcanique ou une tempête, car ces événements produisent des infrasons.

Le mâle de la baleine bleue (*Balaenoptera musculus*) séduit les femelles en chantant durant des heures. L'unité de base de ce chant est émise généralement entre 10 et 20 Hz. Les sons à basse fréquence se propageant beaucoup plus loin que les sons à haute fréquence, le chanteur se fait entendre à des kilomètres à la ronde. En 1993, un scientifique américain aurait capté le son d'un cétacé émis à 3 500 km de distance. Lors d'une récente étude, des chercheurs entendaient des sons émis à 1 000 km, ce qui équivaut à la distance entre Lille et Perpignan.

Les dauphins et cachalots seraient aussi particulièrement bavards dans leurs communications *via* notamment les infrasons. Le monde du silence ne l'est donc pas pour tout le monde.

D'autres mammifères émettent aussi des ultrasons. Ceux-ci sont souvent utilisés pour aider l'émetteur à se déplacer et à déceler ses proies. C'est le principe de l'écholocalisation (on dit parfois écholocation). Ces mammifères émettent des ondes sonores qui, lorsqu'elles rencontrent un obstacle, sont renvoyées à l'émetteur. Cet écho permet à l'individu de « visualiser » ce qui l'entoure, de voir à l'aide des sons. L'animal peut ainsi déterminer la nature de l'objet perçu (proie, obstacle...), sa taille, sa localisation, sa forme, etc. Les chiroptères comme les odontocètes (cachalots, dauphins, etc.) utilisent particulièrement ce système pour chasser.

Les musaraignes, notamment la musaraigne carrelet (*Sorex araneus*), qui émet des sons compris entre 20 et 54 kHz, se servent aussi de l'écholocalisation pour découvrir leur environnement et détecter les embûches sur leur chemin.

49 La transmission du savoir est-elle propre aux primates ?

Depuis de nombreuses années, les scientifiques ont démontré que les primates parvenaient à transmettre leur savoir d'une génération à l'autre. Une des histoires particulièrement connues concerne une jeune femelle macaque du Japon (*Macaca fuscata*), dénommée par la suite Imo (qui signifie « patate douce » en japonais), vivant à Koshima. Nourrie sur la plage avec des patates douces, Imo avait pris l'habitude de rincer ses aliments en les plongeant dans un ruisseau et en les frottant avec l'autre main pour enlever le sable. Répétant quotidiennement cette manœuvre, ses congénères se prirent à l'imiter. Ils modifièrent même ce comportement en rinçant les patates douces non plus dans le ruisseau mais dans l'eau de mer. Peut-être appréciaient-ils le goût salé apporté par ce nettoyage ? Cette technique innovante fut ensuite transmise aux générations suivantes. Aujourd'hui encore, alors que la première observation de ce comportement date des années 1950, les macaques de Koshima rincent toujours leurs patates douces dans la mer. Innovation, transmission, modification… nous pouvons bien parler ici de comportement culturel.

Les primates ne sont pas les seuls à pouvoir diffuser leur savoir. En effet, afin de trouver des fruits tout au long de l'année, les éléphants se souviennent de leur période de maturation. En fonction des saisons, ils savent donc où chercher leur dessert ! Cette connaissance se transmet aux éléphanteaux et entretient ainsi une mémoire collective. De même, les rats communiquent à leurs congénères et à leur progéniture la reconnaissance d'aliments empoisonnés.

Les orques (*Orcinus orca*) ne sont pas en reste. Une population habitant à proximité de la péninsule Valdés (Argentine) a été longuement étudiée. Des scientifiques ont observé comment ces orques apprenaient à chasser à leurs congénères et à leurs descendants. Cette population a en effet une technique très particulière pour attraper ses proies jusque sur le bord de la plage. Les individus s'échouent pour capturer les otaries à crinière (*Otaria byronia*) ou les éléphants de mer austraux (*Mirounga leonina*) avant de repartir en mer la gueule pleine. Ce nouveau comportement se transmet de génération en génération grâce aux adultes, qui apprennent progressivement cette technique à leur progéniture.

Une orque (*Orcinus orca*) mettant en pratique la technique de chasse par échouage.

Au début de cet apprentissage, les adultes accompagnent les jeunes au bord du rivage pour leur montrer comment s'échouer sur les galets et parvenir ensuite à se remettre à l'eau. Cette première étape s'effectue sans que des proies soient présentes sur la plage. Pour que les jeunes parviennent à monter sur la plage, les femelles ne cessent de les encourager afin qu'ils surmontent leur peur instinctive de l'échouage. Une fois échoués, ils apprennent à profiter des vagues pour se dégager et rejoindre le large. La deuxième étape de l'exercice consiste à repérer les proies sur la plage puis à les attraper. L'apprentissage de ce comportement de chasse est très long, les individus mettant dix à quinze ans pour devenir de grands chasseurs.

Chez les baleines à bosse (*Megaptera novaeangliae*), les scientifiques ont détecté d'importantes différences dans les chants en fonction des populations. Par exemple, les populations malgaches n'ont pas le même accent que les populations antillaises ! Ces différences sont le fruit de la transmission du chant de génération en génération au sein d'une même population.

50 Pourquoi les jeunes mammifères jouent-ils ?

Jouer peut paraître futile ou sans bénéfice apparent. Il occasionne une dépense de temps et d'énergie qui nous semble parfois pouvoir être mieux employée. De plus, le jeu peut mettre en danger le protagoniste. Pourtant, ce comportement est répandu dans le monde animal, principalement chez les mammifères. Il doit bien y avoir une raison !

Le comportement de jeu n'est pas toujours facile à établir tant certaines situations peuvent être à la limite entre le jeu pour le plaisir et l'exploration d'un environnement ou la résolution d'un problème. Les éthologues (chercheurs qui étudient les comportements) voient néanmoins dans le jeu une fonction primordiale : entraîner le jeune aux principaux actes qu'il aura à accomplir quand il deviendra adulte, tant d'un point de vue physique (acquisition de force et de dextérité) que psychique (développement de sa capacité d'analyse). De plus, le jeu est une source de plaisir. Jouer est donc une façon ludique d'améliorer des comportements acquis ou d'en apprendre de nouveaux, tous très sérieux puisque vitaux. Pour les mammifères sociaux, le jeu peut aussi être l'occasion de se positionner dans la hiérarchie.

De nombreux exemples plaident en faveur de cette interprétation. Tous les petits mammifères terrestres jouent à courir. Ainsi, le girafon (*Giraffa camelopardalis*) s'éloigne de sa mère en courant jusqu'à une cinquantaine de mètres avant de revenir. Cela lui permet de renforcer ses capacités physiques et de mieux maîtriser ce mode de locomotion, ce qui lui sera nécessaire s'il doit fuir un danger. Les jeunes chimpanzés (*Pan troglodytes*) font des acrobaties dans les arbres, probable façon d'apprendre à se déplacer sans risque dans cet environnement. Il est plus difficile d'interpréter les glissades des jeunes chamois (*Rupicapra rupicapra*) sur la neige ou de plusieurs espèces de loutres sur les rives pentues et boueuses des rivières. Beaucoup de jeunes effectuent des sauts verticaux (cétacés, rongeurs, carnivores, artiodactyles). Des sauts similaires sont souvent effectués par les adultes lors de parades ou de démonstrations de force.

Comme chez les humains, les jeux de combat sont fréquents et pratiqués par presque tous. Ils permettent d'apprendre à se défendre, mais aussi de s'initier aux rites utilisés pour se positionner dans la hiérarchie, lors du rut par exemple. Il arrive qu'un chevreau de bouquetin des Alpes (*Capra ibex*) défie par jeu, tête baissée, un adulte qui vient de combattre. Chez les canidés, tel le chacal du Sénégal (*Canis anthus*), les jeux de combat deviennent progressivement de plus en plus violents, jusqu'à devenir de vrais combats à l'âge adulte.

Ces jeunes grands kangourous (*Macropus giganteus*) jouent à se combattre.

Chez les espèces non uniquement végétariennes, nombreux sont les jeux qui simulent la recherche de nourriture, la chasse ou la pêche. Les jeunes de la mangouste ichneumon (*Herpestes ichneumon*) explorent les moindres cavités qu'ils croisent, comme ils le feront, adultes, à la recherche de leurs proies. Chez les carnivores, les simulations de capture ou de mise à mort sont fréquentes. Des proies vivantes ou mortes peuvent être utilisées à cet effet. Des objets (bouts de bois, os...) sont également fréquemment utilisés en guise de proies. Les petits de l'hyène tachetée (*Crocuta crocuta*) aiment réduire ceux-ci en morceaux les plus petits possibles. Les loutres du Cap (*Aonyx capensis*) portent à la surface de l'eau des cailloux qu'elles laissent couler ensuite. Le jeu consiste à les rattraper avant qu'ils aient touché le fond.

Les mammifères jouent seuls ou avec leurs frères ou sœurs ou, chez les plus sociaux, avec des membres de leur groupe social. Plus étonnant, le jeu implique parfois deux espèces différentes. De jeunes mangoustes sveltes (*Galerella sanguinea*), par exemple, ont été observées jouant avec des damans, des antilopes ou des singes.

Le jeu est surtout le fait des jeunes, mais les adultes jouent aussi, soit avec leurs petits (plus ou moins contraints parfois...), soit seuls, soit avec d'autres adultes. Les chamois et loutres adultes aiment autant jouer au toboggan que leurs petits ! Un père, voire une mère, peut participer à un jeu de combat. Hormis la participation à l'élevage des jeunes, quelle peut être la fonction du jeu chez l'adulte ? Un moment de détente ? Une façon de s'entretenir physiquement ou intellectuellement dans un moment d'inaction ? Chez les espèces les plus développées psychiquement, un moment d'apprentissage ? On pourrait ainsi reformuler un célèbre proverbe : il n'y a pas d'âge pour apprendre... donc pour jouer !

51 Pourquoi la marmotte siffle-t-elle ?

En vous baladant dans les Alpes, vous avez certainement déjà entendu des marmottes (*Marmota marmota*) siffler à votre approche. Mais pourquoi quelques individus prennent-ils le risque de se faire ainsi repérer, notamment par des prédateurs ?

Cet acte est un exemple d'altruisme, qui se définit comme le comportement d'un individu consistant à favoriser un ou plusieurs individus du groupe, parfois au mépris de sa propre survie. Ce comportement coûte donc au donneur, au bénéfice du ou des receveurs.

Chez les marmottes, à l'approche d'un prédateur, les sentinelles, dressées sur leurs pattes arrière, sifflent pour avertir leurs congénères du danger. Ces sifflements attirent l'attention du prédateur et écartent donc le danger du reste du groupe. Les sentinelles sont prêtes à prendre ce risque pour sauver leur famille. En effet, l'altruisme s'exprime le plus souvent quand les liens de parenté entre l'altruiste et le ou les bénéficiaires sont forts. Ce phénomène est appelé la sélection de parentèle. Cette théorie de la sélection, développée par le biologiste Hamilton au XXe siècle, prend en compte, contrairement à la sélection naturelle, les liens de parenté entre individus. Ce mécanisme est basé sur la possession de gènes communs entre l'altruiste et les bénéficiaires, qui amène l'altruiste à favoriser un proche parent en matière de survie ou de reproduction. Ainsi, pour privilégier la propagation de ses propres gènes d'une génération à l'autre, il vaut mieux parfois renoncer à avoir sa propre descendance et s'atteler à protéger sa famille. C'est ce que fait la marmotte sentinelle.

Marmotte des Alpes (*Marmota marmota*) prête à prévenir ses congénères si un danger arrive.

L'altruisme se manifeste chez de nombreuses autres espèces et s'observe non seulement dans les fonctions d'alerte et de défense de la famille, mais aussi pour le transfert de nourriture ou pour la participation à l'élevage des jeunes. Ainsi, on a vu des mangoustes rayées (*Mungos mungo*) attaquant des prédateurs afin de sauver des membres de leur famille qui avaient été capturés. Une famille d'orques (*Orcinus orca*) a été étudiée dans la péninsule Valdés, et les chercheurs ont constaté que la femelle dominante, qui chassait pour l'ensemble de sa famille, se servait en dernier afin d'assurer la survie des siens, prenant le risque de ne plus rien avoir. Enfin, chez les cachalots (*Physeter macrocephalus*), lorsqu'une femelle suitée (c'est-à-dire accompagnée de son jeune) plonge dans les abysses pour se nourrir, le reste de la famille protège le petit resté à la surface, et les autres femelles peuvent même l'allaiter !

52 Pourquoi les chevaux sourient-ils à pleines dents ?

Un cheval qui détecte une odeur particulière retrousse sa lèvre supérieure et tend son encolure vers le haut. On a alors l'impression qu'il nous adresse un grand sourire. Cette attitude caractéristique est appelée « flehmen » (en allemand, *flehmen* signifie « retrousser la lèvre supérieure »). Elle se retrouve chez quelques félidés (chats, lynx, lions...), chez les bovins (vaches, buffles...), les petits ruminants (moutons, chèvres...), les éléphants, les girafes, les tapirs, certaines chauves-souris, etc.

En faisant cette grimace, l'individu obstrue ses narines et inspire par la bouche. L'air entre ainsi en contact avec l'organe voméro-nasal, appelé organe de Jacobson, qui peut alors détecter et analyser les phéromones (molécules véhiculant des informations, voir question 46) présentes dans l'air ou dans l'urine. Cet organe se situe chez le cheval entre le palais et le septum du nez (la cloison qui sépare les deux narines), juste derrière les incisives. Chez les hommes, il est situé dans la cloison nasale, mais son caractère fonctionnel est controversé.

À l'instar des chevaux, les zèbres peuvent retrousser leurs lèvres pour détecter des phéromones.

En « souriant » ainsi, l'étalon peut notamment savoir quelle jument est en chaleur, et adapter son comportement. Attention, chez le cheval, cette réaction peut aussi signifier qu'il souffre de coliques...

53 Les putois sentent-ils vraiment mauvais ?

Comme son nom l'indique, le putois (*Mustela putorius*, du latin *putor*, « puanteur ») a une réputation odorante certaine. Mais d'où lui vient-elle et est-elle vraiment justifiée ?
Comme tous les carnivores, le putois est pourvu de glandes anales. Celles-ci sont particulièrement développées chez les mustélidés (famille du putois) et les méphitidés (famille des moufettes, dont le célèbre Fleur dans *Bambi*). Elles peuvent même atteindre la taille d'un œuf chez ces derniers !
Ces glandes sécrètent une substance nauséabonde qui éloigne et dissuade les prédateurs ou les perturbateurs. La composition de cette substance montre de grandes similarités chez les mustélidés du genre *Mustela* comme l'hermine (*Mustela erminea*), la belette (*M. nivalis*), le vison d'Amérique (*M. vison*) et le putois. Comme la moufette, l'hermine ou le vison, le putois émet cette sécrétion quand il est dérangé ou stressé. Chez la moufette, les glandes anales sont entourées d'une musculature permettant de projeter le contenu des glandes à distance (jusqu'à 6 m environ). Il est donc vivement conseillé de ne pas les approcher et surtout de ne pas les déranger.
La réputation de « puant » du putois est donc légitime, mais d'autres espèces la méritent tout autant !

Le putois d'Europe (*Mustela putorius*) n'a pas bonne réputation en matière d'odeur !

54 Flipper était-il si mignon ?

Les aventures de Flipper, un gentil dauphin, ont passionné des générations de jeunes téléspectateurs du monde entier depuis 1964, année de la première diffusion de la série sur une chaîne télévisée des États-Unis d'Amérique. Flipper passait l'essentiel de son temps à sauver les gens, comportement tout à fait louable. C'est un grand dauphin (*Tursiops truncatus*), espèce largement répandue dans les océans du globe. À la fin des années 1990 et au début des années 2000, les premiers résultats de recherches menées sur cette espèce, et sur une autre, très proche et longtemps confondue, le grand dauphin de l'Indo-Pacifique (*Tursiops aduncus*), ont quelque peu écorné sa bonne réputation.

Les grands dauphins tuent parfois des marsouins communs (*Phocoena phocoena*) ou d'autres petits cétacés sans les consommer. Ils tuent parfois aussi leurs propres petits. Les mâles forment des alliances pour s'accaparer les femelles d'autres mâles, s'accouplent de force avec d'autres mammifères marins, notamment le dauphin tacheté de l'Atlantique (*Stenella frontalis*), voire tentent de le faire avec des humains. Les mâles grands dauphins de l'Indo-Pacifique, quant à eux, contraignent les femelles de leur espèce à s'accoupler. On a également observé récemment un comportement étrange : des grands dauphins mâchouillant des poissons-globes avant de les passer à leurs voisins. Cela a pour effet, semble-t-il, de leur faire excréter une petite quantité de tétrodotoxine, un puissant poison qui protège le poisson. À petites doses, il se révèle euphorisant pour les grands dauphins. Ainsi, les grands dauphins se drogueraient. Enfin, rappelons que le rôle de Flipper a été joué par plusieurs femelles, jamais par un mâle. Le réalisateur avait fait ce choix car les femelles sont moins agressives et, ne se battant pas, ne sont pas couvertes de cicatrices. De quoi faire passer Flipper du statut de sauveur de l'humanité à celui de délinquant, à en croire certains médias !

Le dauphin tacheté de l'Atlantique (*Stenella frontalis*) est parfois harcelé par les grands dauphins.

Tous ces comportements doivent toutefois être analysés avec discernement et sans jugement anthropomorphique. Les attaques mortelles contre les marsouins communs ne sont certainement pas opérées par plaisir mais dans le but d'éliminer un concurrent. Ce comportement est classique chez les prédateurs, les plus grosses espèces agressant les plus petites qui auraient le malheur de passer à proximité. L'infanticide est un comportement répandu chez les mammifères (voir question 33). Le rapt de femelles est aussi pratiqué par les grands singes. Les accouplements « forcés » intraspécifiques n'ont été observés que sur un site d'étude et concernent jusqu'à présent uniquement le grand dauphin de l'Indo-Pacifique. Des accouplements (ou tentatives) en apparence violents existent chez d'autres espèces, comme le zèbre de Grevy (*Equus grevyi*). Ils le sont également chez le chimpanzé (*Pan troglodytes*), le mâle, très agressif, tentant de soumettre la femelle. Mais ce sont tout de même généralement les femelles qui décident. Il y a, chez d'autres espèces, des accouplements interspécifiques, bien que certainement accomplis par des individus déviants. Enfin, le grand dauphin n'est pas la seule espèce à être attirée par des substances euphorisantes. De nombreux mammifères consomment des aliments qui en contiennent, en particulier des fruits fermentés. Cette consommation est la plupart du temps volontaire et addictive, mais saisonnière. En fin de compte, tous ces comportements se retrouvent chez l'homme.

Les grands dauphins ne sont ni des anges, ni des démons. Ce sont des animaux sauvages vivant dans une nature où se côtoient douceur et violence, tolérance et agressivité, et où poussent des fruits défendus.

55 Existe-t-il des mammifères parasites ?

D'après le dictionnaire, un parasite se définit comme un organisme animal ou végétal se nourrissant strictement aux dépens d'un organisme hôte d'une espèce différente, de façon permanente ou pendant une phase de son cycle vital. Ce type d'organisme n'existe pas chez les mammifères. Ils peuvent être parasités (tripanosome, *Leishmania*, *Toxoplasma gondii*...) mais ne sont jamais eux-mêmes des parasites.

En revanche, on parle parfois de cleptoparasitisme chez les mammifères. Le cleptoparasite (du grec *kleptos*, « vol ») est un animal qui se nourrit aux dépens de la production, des proies ou des réserves accumulées par une autre espèce. Les hyènes tachetées (*Crocuta crocuta*) et les lions (*Panthera leo*) sont de parfaits exemples de cleptoparasites. Capables de chasser, ils volent cependant régulièrement les proies que d'autres espèces, comme les guépards (*Acinonyx jubatus*), viennent de tuer. Les loups, les coyotes, les chacals, carnivores très opportunistes, peuvent aussi avoir recours à cette technique. De même, des mangoustes rayées (*Mungos mungo*) ont été observées en train de voler le butin d'un babouin. De nombreux mammifères sont donc de grands chapardeurs.

Ce comportement ne concerne pas que les mammifères terrestres. En effet, les cachalots (*Physeter macrocephalus*) sont aussi connus pour voler des denrées. Mais eux visent les poissons capturés par les lignes des pêcheurs. Avant que ces derniers remontent leurs lignes et récupèrent le fruit de leur pêche, ils en profitent pour attraper quelques poissons particulièrement savoureux…

Cette hyène tachetée (*Crocuta crocuta*) vient de piquer sa nourriture dans l'assiette d'un autre prédateur.

Adaptation et évolution

56 Comment s'adapter pour vivre dans les déserts ?

Les déserts nous apparaissent comme des espaces sans vie. Pourtant, même les plus inhospitaliers accueillent au moins une vie microbienne, et la plupart hébergent une flore et une faune originales. Les déserts contribuent même grandement à la biodiversité de la planète.

Les mammifères ont eux aussi conquis ces milieux extrêmes, hormis les déserts glacés des pôles, et 55 % de ces espèces vivent dans des zones arides. Le désert se caractérise avant tout par son extrême aridité, c'est-à-dire la quasi-absence d'eau à l'état liquide. Les ressources alimentaires y sont rares et aléatoires. Il peut y faire froid ou chaud, souvent l'un et l'autre en fonction de l'heure de la journée. L'absence de couverture nuageuse génère en effet une grande amplitude thermique. Pour survivre dans ces milieux, les mammifères ont développé des adaptations physiologiques, morphologiques et comportementales.

Le problème numéro un est donc de se procurer de l'eau et de l'économiser. De nombreuses espèces ne boivent pas. Elles trouvent l'eau dans leur nourriture, même sèche, telles des graines. En effet, de l'eau peut être produite à partir de glucides par oxydation des molécules d'hydrogène. C'est ce que fait le rat-kangourou du désert (*Dipodomys deserti*). *A contrario*, le dromadaire (*Camelus dromaderius*) produit très peu d'eau métabolique. Mais il peut rester plusieurs semaines sans boire puis se réhydrater rapidement en buvant une grande quantité d'eau. Il a développé des mécanismes physiologiques lui permettant d'économiser son eau corporelle en produisant une urine très concentrée, en réduisant sa sudation, en expirant un air sec et en diminuant son métabolisme. Dans la journée, il se place face au soleil pour réduire la surface corporelle exposée. Mais il possède une autre adaptation : il fait varier sa température corporelle entre 34 °C et 42 °C. Il l'augmente le jour et la diminue la nuit, ce qui limite la dépense d'énergie en thermorégulation.Le kultarr (*Antechinomys laniger*), un petit marsupial vivant dans les déserts australiens, préfère quant à lui cesser ses activités dans les périodes les plus sèches et les plus chaudes en entrant en torpeur, réduisant ainsi ses besoins en eau.

Ces dromadaires (*Camelus dromaderius*) viennent de refaire le plein d'eau.

Dans les déserts subtropicaux, même si les températures peuvent être fraîches la nuit, elles restent plus supportables que celles du jour. La plupart des mammifères ont donc adopté un mode de vie nocturne. Dans les zones plus tempérées, ce mode de vie peut être saisonnier. La mérione d'Arménie (*Meriones dahli*), un petit rongeur, est diurne en automne. De nombreuses espèces, telles les gerbilles, vivent dans des terriers, pouvant être fermés le jour, où la température reste constante. Beaucoup ont un pelage dense. Excellent isolant thermique, celui-ci aide à supporter les grands écarts de température.

La faiblesse des ressources alimentaires et en eau et leur répartition discontinue conduisent les espèces à s'agréger ou à avoir de grands territoires. Les distances entre les individus ou les colonies peuvent être grandes. Pour les insectivores ou les carnivores, les proies peuvent être lointaines. Il est donc nécessaire d'avoir une excellente ouïe pour entendre les cris d'un congénère ou d'un rongeur se déplaçant sur le sable. C'est pourquoi le fennec (*Vulpes zerda*) possède de grandes oreilles. Par ailleurs, la plupart des espèces ont de grosses bulles tympaniques, structures osseuses qui amplifient les sons. Les mériones ont développé un moyen original de communiquer : la podophonie. Elles tambourinent sur le sol avec leurs pattes postérieures. Les sons ainsi produits se propagent beaucoup plus loin dans le sol que dans l'air.

Les ongulés, telle la gazelle leptocère (*Gazella leptoceros*), compensent la faible disponibilité alimentaire et son imprévisibilité par un nomadisme qui permet de découvrir de nouvelles sources de nourriture, en particulier en suivant les orages annonciateurs de pluies. Quand les pluies ont un caractère saisonnier, certaines espèces entreprennent de véritables migrations, comme le chameau de Bactriane (*Camelus bactrianus*) en Mongolie chinoise. L'élargissement des pattes ou des sabots constitue une adaptation bien pratique pour circuler sur les sols sableux sans s'enfoncer. Ainsi, l'addax (*Addax nasomaculatus*) est capable de marcher sur les dunes mobiles.

Enfin, de nombreuses espèces de désert ont acquis un mode de vie grégaire. La coopération est vitale dans ces milieux hostiles. C'est même parce qu'ils vivent dans des milieux très arides que le rat-taupe de Damara (*Fukomys damarensis*) et le rat-taupe nu (*Heterocephalus glaber*) auraient atteint le stade ultime de l'organisation sociale : l'eusocialité (voir question 44).

57 L'ours blanc porte-t-il une polaire en Arctique ?

Toute conquête d'un nouvel habitat demande des adaptations diverses (voir question 56). Mais celles-ci devront être d'autant plus originales que les conditions de vie sont extrêmes, aux limites de ce qu'un organisme peut supporter. Les régions polaires font partie de celles que peu ont réussi à investir. L'ours blanc (*Ursus maritimus*) est l'un des rares mammifères à y être parvenu. Il est même, avec le phoque annelé (*Pusa hispida*) et l'homme, l'une des trois seules espèces de mammifères capables d'atteindre le pôle Nord. Les deux premières y sont arrivées bien avant la troisième. Comment l'ours blanc parvient-il à survivre en Arctique ?

Le froid et la neige sont les deux principaux défis que doit relever cet ursidé. Contrairement à son très proche cousin (voir question 22), l'ours brun (*Ursus arctos*), il a un régime strictement carnivore, le monde végétal étant inexistant sur l'essentiel de son aire de répartition. Ses proies préférées sont le phoque annelé et, dans une moindre mesure, le phoque du Groenland (*Pagophilus groenlandicus*) et le phoque barbu (*Erignathus barbatus*). Bien que bon nageur, il les chasse sur la banquise. L'ours blanc pourrait hiberner pour passer la mauvaise saison, comme le font bon nombre de mammifères (voir question 62). Mais l'hibernation est avant tout une réponse à un manque de nourriture. Or le cœur de l'hiver est le moment le plus favorable à la chasse aux phoques, la banquise atteignant sa surface maximale. Pas besoin, alors, de nager d'un bloc de glace à l'autre. L'approche est plus facile à pied sec ! L'été, au contraire, est plutôt une période de jeûne car les phoques sont moins accessibles. Seules les femelles gestantes hivernent dans une tanière pour mettre bas à l'abri. Les autres (femelles suitées, subadultes, mâles) arpentent la banquise toute la saison, ne somnolant que durant les périodes prolongées de mauvais temps. Ils vont ainsi devoir affronter les pires conditions hivernales qui soient sur Terre.

Comme tout prédateur, l'ours blanc doit pouvoir se fondre le plus possible dans le paysage pour réussir à approcher ses proies. Aussi, au cours de son évolution, il a acquis un pelage qui paraît blanc immaculé en hiver, jaunâtre à orangé le reste du temps. En réalité, il est translucide, laissant pénétrer les rayons lumineux jusqu'à la peau. Celle-ci est noire et absorbe la chaleur portée par les rayons du soleil. Profiter ainsi d'une source de chaleur externe permet à cette espèce de réduire sa production de chaleur interne. Mais ce n'est pas suffisant, surtout durant la longue nuit hivernale. Il faut aussi réduire au maximum les déperditions de chaleur. La fourrure de l'ours blanc est épaisse. Les poils de jarre (voir question 2) sont creux, ce qui augmente leurs propriétés d'isolant thermique. Mais c'est une épaisse couche de graisse qui assure l'essentiel de cette isolation. Par ailleurs, l'animal est assez gros et relativement « rond ». Ses oreilles et sa queue, petites, dépassent peu du pelage. Ainsi, sa surface corporelle, lieu des échanges thermiques, est relativement réduite au regard de son volume, ce qui limite la perte de calories.

Par ailleurs, circuler sur la neige n'est pas aisé quand celle-ci est poudreuse, ce qui est le cas par grand froid. L'ours blanc possède des pattes plus larges que celles de l'ours brun, son ancêtre, qui lui permettent de moins s'enfoncer. La sole plantaire est velue, ce qui, en plus de la protection contre le froid, assure une meilleure adhérence sur la glace.

Contrairement aux apparences, l'ours blanc (*Ursus maritimus*) a la peau noire !

Les tempêtes de neige constituent un grand danger. La fourrure épaisse évite un contact direct de la neige avec la peau. De plus, si l'animal est recouvert de neige, sa fourrure emprisonne une couche d'air assurant une excellente isolation thermique. Cet ours n'a donc pas besoin d'une « polaire » pour supporter ce climat !

58 Les mammifères marins sont-ils comme des poissons dans l'eau ?

Comme il est facile de le comprendre, le milieu marin est très différent du milieu terrestre. Mille fois plus dense que l'air, l'eau est aussi environ 50 fois plus visqueuse et 25 fois plus conductrice de chaleur. Malgré ces différences, les mammifères marins sont parfaitement adaptés à ce milieu. Nous traiterons ici des cétacés et siréniens, qui, contrairement aux pinnipèdes, passent la totalité de leur vie en mer et ont donc les adaptations les plus marquées.

Le cachalot (*Physeter macrocephalus*) effectue des plongées d'environ 45 minutes sans remonter pour respirer.

Bien que leur taille soit souvent impressionnante (voir question 20), les mammifères marins se déplacent avec aisance dans l'eau. La densité de leur corps étant proche de celle de l'eau, grâce à un équilibre entre les tissus lourds du squelette et la légèreté du tissu adipeux, ils n'ont pas à supporter leur poids et sont comme portés par l'eau. L'hydrodynamisme de leur corps leur permet de surmonter la résistance (la viscosité) de l'eau, bien plus

importante que celle de l'air. En effet, leurs membres sont fortement réduits afin de faciliter l'écoulement de l'eau. Les membres antérieurs ont évolué en nageoires pectorales, rendant les individus stables. Seule l'articulation de l'épaule est fonctionnelle (les articulations du coude et du poignet sont ankylosées). Les membres postérieurs ont, quant à eux, fortement régressé, laissant place à une nageoire caudale qui propulse l'animal dans l'eau. Autres caractéristiques : l'absence de pelage et une peau particulièrement lisse pour aider l'écoulement laminaire (dans la même direction) de l'eau. Cet écoulement est aussi favorisé par les multiples sillons longitudinaux dans le derme et par l'excrétion de gouttelettes d'huile qui lubrifient la peau. Pour pallier l'absence de fourrure, les mammifères marins possèdent une épaisse couche de graisse sous leur peau qui leur sert d'isolant thermique.
Dotés de poumons, et non de branchies comme les poissons, les mammifères marins présentent plusieurs adaptations concernant la respiration. Pour respirer, ils remontent régulièrement à la surface. Comme chez l'homme, l'oxygène est stocké dans certaines protéines, les myoglobines, en nombre bien plus important chez les mammifères marins (10 fois plus nombreuses chez le cachalot *Physeter macrocephalus* que chez l'homme). Afin de réduire leur consommation d'oxygène, les cétacés et siréniens peuvent aussi diminuer leur rythme de pulsation cardiaque. Lors des plongées, la distribution d'oxygène est contrôlée, et seuls le cerveau, les muscles, le cœur et les poumons sont alors irrigués. De plus, une cage thoracique souple évite aux poumons d'être écrasés par la pression, qui augmente avec la profondeur. Ainsi, même sans branchies, les mammifères marins sont comme des poissons dans l'eau !

59 Existe-t-il des mammifères venimeux ?

Les animaux venimeux sont nombreux dans la nature. Ils sont apparus indépendamment dans la plupart des grands groupes zoologiques. La fonction venimeuse est donc extrêmement diversifiée, avec une grande variété de venins et d'appareils venimeux.

Un venin est un liquide toxique sécrété par un animal et inoculé par morsure ou piqûre. Lorsque nous pensons aux animaux venimeux, nous nous remémorons rapidement les espèces les plus dangereuses pour l'homme, mais beaucoup d'autres nous infligeront tout au plus une légère brûlure et nous les oublierons vite. Les venins de ces dernières n'en sont pas moins redoutables pour leurs proies, généralement de petite taille. Même si les animaux venimeux appartiennent surtout aux invertébrés, on en trouve néanmoins beaucoup parmi les poissons, les amphibiens et les reptiles. On en oublierait presque les mammifères, dont certaines espèces ont pourtant développé des appareils venimeux plus ou moins complexes. En voici quelques exemples.

L'ornithorynque est certainement le mammifère dont l'appareil venimeux est le plus abouti. Le mâle possède un éperon corné d'environ 1,5 cm de long situé sur le bord interne des pieds. Il peut être érigé ou rétracté suivant les circonstances. Il est creux et relié par un canal à une glande produisant du venin. Ce dernier est stocké en partie dans un réservoir. Une piqûre n'est pas fortuite, l'ornithorynque éperonnant volontairement et vigoureusement son adversaire (un prédateur ou un mâle concurrent au moment du rut). Un muscle compresse alors la glande et le réservoir, ce qui permet à l'animal d'inoculer le venin. Cet éperon fonctionne donc comme un véritable dard. La piqûre que peut infliger un ornithorynque à un être humain au cours d'une manipulation peut être très douloureuse, voire provoquer une chute de la pression sanguine. Elle peut être mortelle pour un chien. Le venin des ornithorynques présente des analogies avec ceux des serpents mais c'est sûrement le résultat d'une convergence évolutive. Les femelles possèdent également un appareil venimeux à la naissance mais perdent leur éperon à la puberté. Les autres espèces de l'ordre des monotrèmes, les échidnés, en possèdent aussi un, mais qui n'est pas fonctionnel.

L'appareil venimeux des solénodontes (« musaraignes » primitives endémiques des Antilles) et de certaines musaraignes de la famille des soricidés est nettement moins sophistiqué. Chez ceux-ci, c'est la salive qui est toxique. Le venin est produit par des glandes salivaires sous-maxillaires débouchant à la base des incisives inférieures. La substance active est une neurotoxine dont les effets sont proches des neurotoxines de certains venins de serpents élapidés. Le venin n'est pas

inoculé mais se répand avec la salive à l'intérieur de la plaie occasionnée par la morsure.
Chaque face interne des deux incisives inférieures est creusée d'un profond sillon dont la juxtaposition forme un canal interdentaire, facilitant la pénétration de la salive dans le corps de l'animal mordu. La musaraigne la plus venimeuse est certainement la musaraigne à queue courte (*Blarina brevicauda*), qui vit en Amérique du Nord : 5,7 mg de toxine peuvent tuer une souris de 20 g, et un lapin de 1,36 kg est mort après l'injection expérimentale de 10 g de glandes salivaires sous-maxillaires, celles qui produisent la toxine ! Une morsure peut s'avérer très douloureuse pour l'homme.

L'ornithorynque (*Ornithorhynchus anatinus*) est le mammifère le plus venimeux.

Mais le venin de la musaraigne à queue courte lui sert surtout à paralyser ses proies, qu'elle peut conserver vivantes plusieurs semaines dans un garde-manger. En France, les musaraignes les plus venimeuses appartiennent au genre *Neomys* (musaraignes amphibies). La plus grande, la crossope aquatique (*N. fodiens*), est plus toxique que la crossope de Miller (*N. anomalus*). Bien que leurs venins puissent paralyser ou au moins affaiblir de petits vertébrés (poissons, grenouilles), elles sont tout à fait inoffensives pour l'homme. Leurs morsures peuvent toutefois être douloureuses. Une musaraigne endémique des îles de Fuerteventura et Lanzarote, la crocidure des Canaries (*Crocidura canariensis*), sécrète également une salive toxique qui lui permet de paralyser de gros lézards du genre *Gallotia*.

60 Quel lien y a-t-il entre les chasseurs d'éléphants du Somaliland et le rat à crinière ?

Il n'est pas nécessaire de produire du venin pour être en mesure d'empoisonner son agresseur. Un chercheur de l'université Adelphi, à New York, a observé en captivité un hérisson d'Europe (*Erinaceus europaeus*) mâchouiller un crapaud du genre *Bufo* puis lécher ses piquants. Il se protégerait ainsi en s'enduisant des sécrétions toxiques produites par le crapaud. Cela reste néanmoins à vérifier.

Le rat à crinière (*Lophiomys imhausi*) est un gros rongeur vivant en Afrique de l'Est. En 2011, des chercheurs ont fait une curieuse découverte. Ce rat mâche l'écorce et les racines d'un arbre, *Acokanthera schimperi*, puis enduit de salive les poils de ses flancs. Ces derniers ont une structure bien particulière : leur surface est percée de nombreuses alvéoles et ils sont creux. Ainsi, la salive imprègne les poils. *Acokanthera schimperi* est bien connu des ethnies locales, en particulier au Somaliland. Les chasseurs d'éléphants extrayaient de son écorce un puissant poison, l'ouabaïne, et en enduisaient la pointe de leurs flèches. Le rat à crinière procède un peu de cette manière : en imprégnant les poils de ses flancs d'ouabaïne, il devient toxique. Lorsqu'un animal le mord, le poison stocké dans ses poils creux se répand dans la bouche de son agresseur, de manière parfois fatale.

On connaît ainsi plusieurs cas de chiens qui sont morts après avoir mordu des rats à crinière. L'ouabaïne n'est toutefois pas un venin. Le rat à crinière ne peut véritablement être classé parmi les animaux venimeux. Il est cependant le seul mammifère dont on a la certitude qu'il est capable de séquestrer une substance toxique produite par une autre espèce pour l'utiliser à son profit, ce que savent faire de nombreux invertébrés.

61 Pourquoi certains mammifères migrent-ils ?

La migration est un déplacement saisonnier, souvent sur de grandes distances, impliquant un aller-retour entre deux zones géographiques définies et suivant des voies empruntées immuablement, à nos yeux du moins, chaque année. Elle diffère de l'erratisme, où les déplacements sont apparemment aléatoires. Ceci est vrai à l'échelle des espèces et non des individus, qui peuvent changer de voie migratoire ou de zone d'arrivée d'une année à l'autre. Chez certaines espèces, tous les individus sont migrateurs, mais, pour la majorité des espèces, seules certaines populations migrent.

Plusieurs mammifères marins sont de vrais migrateurs, en particulier certains grands mysticètes. La baleine grise (*Eschrichtius robustus*) en est un exemple bien connu avec ses 20 000 km parcourus chaque année. Quelques chauves-souris sont également des migratrices au long cours, comme la pipistrelle de Nathusius (*Pipistrellus nathusii*) ou la noctule commune (*Nyctalus noctula*), aux parcours de presque 2 000 km. De nombreuses autres espèces effectuent des déplacements de quelques kilomètres entre les gîtes d'hivernage et les gîtes de reproduction. Les grandes migrations terrestres ont pratiquement toutes disparu, à l'instar de celle des bisons d'Amérique (*Bos bison*), sauf en de rares régions d'Afrique (ongulés dans l'écosystème Serengeti-Masai Mara, par exemple) ou du Grand Nord (rennes *Rangifer tarandus* notamment). En effet, de nombreuses barrières (zones urbanisées, autoroutes, oléoducs) ont été érigées, coupant leurs voies de migration, et leurs habitats se sont fragmentés.

De même que l'hibernation (voir question 62), la migration est une stratégie permettant de surmonter une période de disette. La nourriture se raréfiant, les animaux se déplacent vers des régions plus accueillantes. Les rennes, par exemple, désertent les secteurs les plus nordiques de leur aire de distribution en hiver, la couverture neigeuse les empêchant d'accéder aux lichens qui constituent l'essentiel de leur alimentation. Ils migrent alors vers le sud, en troupeaux pouvant atteindre 500 000 individus. Dans le Taïmyr, ils parcourent ainsi 2 000 km. Supportant mal la chaleur, ils remontent au nord quand le printemps arrive. C'est aussi pour des raisons trophiques que les gnous bleus (*Connochaetes taurinus*), accompagnés de gazelles de Thomson (*Eudorcas thomsonii*) et de zèbres de Burchell (*Equus quagga*) du Serengeti, migrent par centaines de milliers. L'arrivée de la saison sèche et la disparition des pâturages les poussent à migrer vers le nord après avoir traversé la rivière Mara.

Les espèces peuvent aussi migrer à la recherche de meilleures conditions pour se reproduire. Les mysticètes migrateurs doivent composer avec les eaux océaniques froides proches des pôles, riches en krill et petits poissons, et les eaux plus chaudes des régions tropicales ou subtropicales, plus propices aux mises bas. Ainsi, durant l'été austral, les baleines à bosse (*Megaptera novaeangliae*) de l'hémisphère sud se nourrissent dans l'océan Austral. Elles remontent ensuite vers le nord pour se reproduire durant l'hiver austral (principalement de juin à octobre). Elles ne s'alimenteront pas pendant de longs mois.
La pipistrelle de Nathusius, quant à elle, a besoin de sites propices à la mise bas et d'autres propices à l'hibernation. Mais ils sont distants de centaines de kilomètres. En France, ce sont surtout les femelles qui migrent. Au printemps, elles recherchent dans le centre-nord de l'Europe des sites où les petits insectes (essentiellement des chironomes) dont elles se nourrissent pullulent. C'est là qu'elles mettent bas. Cette abondance de nourriture assurera une bonne survie des petits. Elles retournent en France pour y hiberner, les hivers étant trop froids dans le nord pour cette espèce qui gîte dans les trous d'arbres.

62 Dormir comme une marmotte ou comme un loir ?

Plusieurs expressions comparent notre sommeil à celui d'un animal : dormir comme une marmotte, un loir, voire une loutre. Si la dernière désigne plutôt un sommeil simple et serein, les deux premières expriment plutôt un sommeil profond : rien ne saurait réveiller celui qui dort comme une marmotte ou un loir. Qu'en est-il en réalité ?
Pour ces deux espèces, l'expression fait référence à leur sommeil hivernal. À l'instar de beaucoup d'autres animaux, dont de nombreux mammifères, elles passent une bonne partie de la mauvaise saison à « dormir », à une époque où la nature produit peu de nourriture. En réduisant leur activité, elles économisent leur énergie et ont donc moins, voire plus du tout, besoin de manger, pour peu qu'elles aient fait des réserves de graisse. Migrer vers des terres plus productives est une autre façon de pallier une réduction de

la disponibilité en nourriture (voir question 61). On parle alors d'hivernage, à distinguer de l'hibernation.
L'intensité du sommeil hivernal est variable d'une espèce à l'autre. On a l'habitude de les classer en hivernantes ou hibernantes. Les espèces hivernantes dorment longuement, mais leur métabolisme est généralement peu affecté. Leur température corporelle peut baisser légèrement mais pas celle de leurs organes vitaux, qui restent ainsi parfaitement fonctionnels. Elles peuvent se réveiller facilement, en particulier si un prédateur pénètre dans leur terrier, et être rapidement actives, donc réagir vite en cas de danger. L'ours brun (*Ursus arctos*) se classe dans cette catégorie. Durant ses phases de sommeil, sa consommation d'oxygène est réduite de moitié et ses battements cardiaques passent de 40-50 à 8-12 battements par minute. Mais sa température ne baisse que de 5 °C et sa fonction digestive se bloque. Bien qu'il reste inactif une grande partie de l'hiver sans s'alimenter, il subit une très faible fonte musculaire, ce qui est exceptionnel chez les vertébrés. Il lui arrive de se réveiller. Si le temps est suffisamment clément, il peut même sortir de sa tanière. La femelle met bas dans la tanière pendant la période hivernale et y allaite ses petits, ce qui lui impose un sommeil peu profond.

Loir gris (*Glis glis*) en hibernation.

Les espèces hibernantes entrent dans une véritable léthargie et restent peu sensibles au passage d'un intrus, tout du moins quand la température est vraiment basse. Il est ainsi possible d'ouvrir le nid d'un loir gris (*Glis glis*) sans provoquer son réveil. Le métabolisme de ces espèces se réduit fortement, seuls les organes vitaux conservant une activité ralentie. Leur température corporelle chute considérablement. En entrant en hibernation, la marmotte des Alpes (*Marmota marmota*) réduit ses pulsations cardiaques dans les mêmes proportions que l'ours brun, passant de 160 à 45 battements par minute, mais ralentit son rythme respiratoire (divisé par 7) et, surtout, abaisse sa température corporelle de 36 °C à 2 °C. Le loir gris abaisse également considérablement sa température. Ainsi, l'écart de température entre le corps de l'animal et le milieu ambiant est restreint, ce qui limite la consommation d'énergie nécessaire à réguler la température corporelle. Celle-ci, même très basse, est maintenue constante. Ce sommeil profond n'empêche pas des réveils réguliers pour se nourrir, uriner ou, si la température externe devient trop froide, changer de gîte. À cet égard, la principale différence entre la marmotte des Alpes et le loir gris est que ce dernier se réveille bien moins souvent.

63 Comment dorment les mammifères marins ?

Le sommeil se caractérise en principe par une mobilité et une vigilance réduites, cet état pouvant se prolonger plusieurs heures, avec les yeux fermés. Mais ces caractéristiques ne suffisent pas à le définir : il semble exister une quantité minimale de sommeil à accomplir par jour, d'où notre envie impérieuse de le « récupérer » après une mauvaise nuit. Le sommeil s'avère même vital pour les mammifères. Par exemple, des rats de laboratoire peuvent mourir si on les en prive. Enfin, cet état est rapidement réversible, contrairement au coma, par exemple. On peut par ailleurs, à l'aide d'un électroencéphalogramme, montrer que le cerveau a une activité particulière pendant le sommeil. Chez les mammifères terrestres, elle concerne les deux hémisphères cérébraux simultanément et de façon synchronisée (sommeil bilatéral).

L'étude du sommeil est difficile chez les mammifères marins (pinnipèdes en mer, siréniens et cétacés). La plupart des connaissances acquises sur le sujet l'ont été sur des individus en captivité. Ces recherches ont révélé des faits étonnants : contrairement aux mammifères terrestres, chez tous les cétacés ou siréniens étudiés, ce qui apparaît à l'encéphalogramme comme une phase de sommeil n'implique qu'un hémisphère cérébral à la fois (sommeil unilatéral). Il en est de même chez les pinnipèdes dans l'eau, alors que leur sommeil redevient bilatéral lorsqu'ils regagnent la terre ferme. Chez tous ces mammifères marins, durant le sommeil unilatéral, l'œil opposé à l'hémisphère en repos est généralement fermé, l'autre étant ouvert. Par exemple si l'hémisphère droit présente une faible activité électrique (phase de repos), l'œil droit est ouvert et l'œil gauche est fermé. Chez les cétacés, le sommeil paradoxal, cette phase pendant laquelle surviennent la plupart des rêves, semble ne pas exister. Juste après la naissance, le nouveau-né et sa mère ne manifestent pratiquement aucun comportement de sommeil (yeux presque jamais fermés), ce qui laisse à penser qu'ils ne dorment pas. Le comportement de sommeil augmente dans les mois qui suivent, au fur et à mesure que le jeune apprend à nager efficacement, à trouver sa nourriture et à éviter les prédateurs. Mais il ne paraît pas y avoir une quantité minimale de sommeil à accomplir chez les cétacés, et ils ne connaissent pas la fatigue.

En mer, les observations sont sujettes à interprétation. Les spécialistes des mammifères marins parlent prudemment de repos, plutôt que de sommeil, pour qualifier les périodes d'inactivité observées chez certaines espèces. Ce repos peut s'effectuer en position horizontale en surface, comme chez les globicéphales, ou sur un haut-fond. Certaines espèces adoptent également une position verticale, juste sous la surface. Le cachalot (*Physeter macrocephalus*) et la baleine à bosse (*Megaptera novaeangliae*) se reposent ainsi, parfois la tête en bas. Les animaux se laissent alors doucement dériver. Certains scientifiques pensent que, si les animaux dorment vraiment durant ces phases d'inactivité, le sommeil pourrait être bilatéral. Certaines espèces de petits cétacés, tels le marsouin commun (*Phocoena phocoena*) et le dauphin de Commerson (*Cephalorhynchus commersonii*), sont en mouvement 24 heures sur 24 de leur naissance à leur mort. Le sommeil unilatéral pourrait leur permettre de se reposer tout en restant actifs.

Le sommeil des mammifères marins ne correspond donc pas à la définition initiale. On peut alors se demander si les cétacés et les pinnipèdes en mer dorment vraiment. Mais beaucoup d'espèces terrestres sont également en vigilance permanente ou en mouvement continu sur une longue période. Leur sommeil ne répond pas non plus à la définition classique. Il faut plutôt voir le sommeil comme un comportement variant d'une espèce à une autre, tant par ses modalités que par ses fonctions. De même qu'on peut dormir comme un loir ou une marmotte (voir question 62), pourquoi ne pourrait-on pas également dormir comme un dauphin, c'est-à-dire… d'un œil ?

64 Peut-on être aveugle comme une taupe et s'en sortir ?

Vivant sous terre et dans l'obscurité, la taupe a une vision très peu développée. Comme le précise le numéro de *La Hulotte* consacré à la taupe d'Europe (*Talpa europaea*), ce petit mammifère ne pourrait pas déceler une flamme de bougie allumée à quelques centimètres de son nez ! Mais alors, comment fait-il pour se déplacer avec autant d'aisance, se nourrir et entretenir ses galeries souterraines ?
Son ouïe lui permet, par exemple, de différencier le jour de la nuit. En effet, au lever du soleil la température du sol grimpe, invitant alors les vers de terre à descendre plus en profondeur pour rester au frais. Ces déplacements préviennent la taupe que la journée a commencé. Son vaste réseau de galeries amplifie les bruits, comblant l'absence de pavillon externe de ses oreilles.
Elle se repère aussi à l'aide de son urine, qu'elle utilise pour marquer son territoire. L'odorat est un sens très aiguisé chez ce petit mammifère. Toujours d'après *La Hulotte*, bien que les lombrics sentent très peu, la taupe d'Europe pourrait détecter leur présence à 6 cm de distance, et même à travers une épaisseur de 1 cm de terre.
Pour se déplacer, elle dresse sa queue afin de garder un contact permanent avec le toit de ses galeries, tel un tramway. Les vibrisses, longs poils à l'extrémité de son museau, sont très sensibles au toucher et lui permettent de percevoir ce qui l'entoure. Son museau est aussi recouvert de nombreuses

papilles très sensibles aux vibrations et aux goûts, appelées « organes d'Eimer », du nom de son découvreur (1871). Du fait de l'impressionnante sensibilité du toucher et de l'odorat, le célèbre naturaliste Buffon aurait même cru que Dame Nature avait doté la taupe d'un sixième sens !
Une telle compensation de certains sens limités par d'autres, hyperdéveloppés, se retrouve aussi chez les êtres humains. En effet, la déficience visuelle des malvoyants est en partie palliée par une sensibilité plus importante des autres sens, en particulier de l'ouïe et du toucher. Une compensation poussée à l'extrême chez certains superhéros, comme Daredevil !

Les longs poils au bout de son museau permettent à la taupe d'Europe (*Talpa europaea*) de percevoir ce qui l'entoure.

65 Quelles adaptations favorisent la course chez les mammifères ?

Dans le monde animal, courir est la plupart du temps une question de survie, que ce soit pour capturer une proie ou fuir un prédateur. Si la plupart des mammifères terrestres non volants en sont capables, certains d'entre eux se sont particulièrement adaptés à ce mode de locomotion, en particulier les ongulés et divers carnivores. La course, à la différence de la marche, est une progression par bonds, aucun membre ne reposant sur le sol entre deux prises d'appui. La foulée s'en trouve allongée, et la vitesse augmentée.

La principale modification morphologique due à la course est l'allongement des membres, notable chez la plupart des animaux coureurs tels les chevaux, les canidés ou les lièvres. Il permet d'augmenter encore la longueur de la foulée. Souvent, les membres postérieurs, qui assurent la propulsion, sont plus longs que les antérieurs. Le guépard (*Acinonyx jubatus*) possède des membres proportionnellement plus longs que les autres félidés, mais il possède d'autres caractères morphologiques favorisant de grandes foulées. Ses clavicules sont très réduites, ce qui lui permet de projeter plus loin ses membres antérieurs. La colonne vertébrale est longue et très souple dorso-ventralement. Cette flexibilité procurerait un gain de longueur supérieur à 10 %, la foulée pouvant, à vitesse maximale, atteindre 7 m.

Une autre adaptation commune aux espèces coureuses est la réduction de la surface du pied prenant appui sur le sol, ce qui limite les pertes d'énergie dues aux frottements. Ceci est possible grâce au relèvement

Guépard (*Acinonyx jubatus*) en pleine course.

de l'arrière du pied, celui-ci ne reposant que sur les doigts (cas des digitigrades), voire sur la pointe de ceux-ci, comme chez les ongulés (onguligrades). Ainsi, les plantigrades, chez qui le pied repose entièrement sur le sol, sont moins bons coureurs que les digitigrades et les ongulés. Les pertes d'énergie peuvent aussi être limitées par la réduction du nombre de doigts porteurs. La situation extrême est atteinte chez la plupart des artiodactyles (les hippopotames font exception), dont chaque membre repose sur deux doigts (les vaches par exemple), et plus encore chez les équidés (périssodactyles), dont chaque membre repose sur un seul doigt (les chevaux par exemple).

Les carnivores coureurs ont quatre doigts porteurs, mais de petits pieds. Les canidés ont généralement des griffes émoussées qui servent à creuser des terriers, mais leur permettent aussi de mieux adhérer au sol, donc de mieux se propulser en avant lorsqu'ils courent. Le guépard est particulier à cet égard. Contrairement aux idées reçues, ses griffes sont rétractiles. Mais, à l'inverse des autres félidés, il ne possède pas les gaines protectrices dans lesquelles elles se logent quand elles sont rétractées. Tout comme les canidés, elles augmentent l'adhérence au sol comme les pointes fixées sous les semelles des chaussures d'un sprinter.

La course nécessite une forte consommation d'oxygène et provoque un réchauffement du corps. Chez le guépard, pendant les sprints, la fréquence respiratoire monte de 60 à 150 respirations par minute. Pour faciliter l'apport rapide d'air, les voies nasales sont courtes et élargies. À l'instar du cheval, ses narines peuvent se dilater. Une réduction de la taille des dents, en particulier les canines, et des canaux radiculaires permet l'élargissement des ouvertures nasales.

De nombreuses autres adaptations peuvent être notées chez les mammifères coureurs, renforçant leur capacité à courir vite et/ou longtemps. Les canidés, plus endurants que les félidés, sont considérés comme meilleurs coureurs. Leurs membres sont mieux adaptés, en particulier les antérieurs qui, contrairement aux félidés, ne servent pas à capturer leurs proies et peuvent être plus rigides. Mais c'est incontestablement le guépard qui, avec 105 km/h, est le mammifère le plus rapide, bien avant Usain Bolt (44 km/h). Ce dernier, poursuivi par un éléphant (30 km/h), pourrait le distancer à la course. Mais pendant combien de temps ?

66 Certains mammifères muent-ils ?

Chez les insectes et les reptiles, la mue correspond au changement de peau de l'individu. Chez les poissons, ce sont les écailles qui sont renouvelées, et chez les oiseaux les plumes. Chez l'homme, on parle de mue à l'adolescence quand, sous l'effet des hormones, la voix des garçons, mais aussi des filles, change et devient plus grave. Chez les autres mammifères, la plupart du temps, la mue est synonyme de changement du pelage (pour les cervidés, on parle aussi de mue quand les bois tombent). Elle peut se limiter à certaines périodes de la vie ou être, pour certaines espèces, saisonnière.

L'éléphant de mer austral (*Mirounga leonina*) est un des seuls mammifères à perdre la couche cornée de l'épiderme lors de la mue.

Chez quelques mammifères, dont l'homme, la première mue se déroule *in utero*. L'homme, comme le phoque veau-marin (*Phoca vitulina*), perd son duvet, appelé « lanugo », dans le ventre de sa mère. Chez le phoque gris (*Halichoerus grypus*), le lanugo disparaît quelques jours après sa naissance.

Chez le sanglier (*Sus scrofa*), le jeune, appelé « marcassin », a une livrée rayée jusqu'à sa première mue, vers 6 mois. Son pelage devient alors roux et homogène, ce qui explique son surnom de « bête rousse » à cet âge. De même, le lionceau (*Panthera leo*), le faon et le jeune tapir ont, à leur naissance, des livrées tachetées ou rayées qui évolueront avec l'âge.

Chez certains mammifères (les mammifères domestiques, les chiroptères, certains carnivores et ongulés et les mammifères des pays chauds), le renouvellement du pelage est continu. Il n'y a donc pas de mue à proprement parler. Chez les autres, le pelage varie en fonction des saisons : généralement plus touffu en hiver, moins dense et plus court en été, afin de mieux réguler la température. Il y a ainsi habituellement deux mues dans les régions polaires et tempérées : une en automne et une au printemps. Ces mues saisonnières sont habituellement peu remarquables. Mais quelques mammifères font exception. Ainsi, le lièvre variable (*Lepus timidus*), l'hermine (*Mustela erminea*) et le renard polaire (*Vulpes lagopus*) quittent leur pelage brun d'été pour revêtir un manteau blanc en hiver. En plus de leur apporter la chaleur dont ils ont besoin, cette fourrure hivernale leur permet, la plupart du temps, de se fondre dans le paysage. La plupart du temps, car la mue dépend de la durée du jour et non de la couverture neigeuse. C'est pourquoi il arrive parfois d'apercevoir une hermine brune dans la neige ou, *a contrario*, un lièvre variable blanc dans une prairie...

67 Les éléphants sont-ils les seuls mammifères ayant une trompe préhensile ?

Si on vous demande de citer un mammifère possédant une trompe préhensile, vous évoquerez sans doute l'éléphant. Sa trompe résulte de la fusion des narines et de la lèvre supérieure ; elle se finit par deux lobes chez l'éléphant d'Afrique (*Loxodonta africana*), mais un seul chez l'éléphant d'Asie (*Elephas maximus*). La trompe permet de respirer, de sentir, d'arracher des feuilles pour se nourrir, d'aspirer l'eau pour la boire par la bouche ensuite, et sert aussi de tuba quand les éléphants traversent un cours d'eau.
Bien qu'ils aient la trompe la plus développée, ce ne sont pas les seuls mammifères à posséder cet organe ! En effet, les tapirs aussi possèdent une trompe. De petite taille, elle leur sert à collecter les fruits et graines dont ils se nourrissent. De même, le desman des Pyrénées (*Galemys pyrenaicus*) n'est pas surnommé « rat-trompette » pour rien ! Comme son cousin le desman de Russie (*Desmana moschata*), ce petit mammifère

porte une longue trompe préhensile, mesurant près du quart de la longueur de son corps, soit 2 à 3 cm. Pourvue d'organes tactiles et de nombreuses vibrisses, sa trompe compense la perte presque totale du sens de la vision.

De nombreuses autres espèces possèdent une trompe ou un organe similaire sans qu'il soit préhensile. Cela concerne notamment les musaraignes comme la crocidure musette (*Crocidura russula*) ou la musaraigne carrelet (*Sorex araneus*), les rats à trompe tels que le macroscélide à face grise (*Rhynchocyon udzungwensis*) ou le macroscélide de Rozet (*Elephantulus rozeti*), ou encore l'éléphant de mer austral (*Mirounga leonina*) et l'antilope saïga (*Saiga tatarica*). En revanche, le tamanoir (*Myrmecophaga tridactyla*), le fourmilier du Mexique (*Tamandua mexicana*) et l'échidné de Bruijn (*Zaglossus bruijnii*) ne possèdent pas de trompe mais un long museau. En effet, la bouche se trouve à l'extrémité de cet appendice. Enfin, d'autres espèces, comme le rhinocéros noir (*Diceros bicornis*), ont des lèvres préhensiles bien qu'il ne s'agisse pas d'une trompe.

Comme les autres membres de sa famille, ce tapir de Malaisie (*Tapirus indicus*) possède une trompe préhensile.

68 Quand les mammifères sont-ils apparus sur Terre ?

Voici une question dont la réponse paraît simple à obtenir pourvu qu'on ait trouvé préalablement le fossile *ad hoc* et qu'on ait pu le dater correctement. Mais comment savoir si tel fossile est celui d'un mammifère ? Les paléontologues ne sont pas tous d'accord sur les limites à donner à cette entité taxonomique.

Il y a bien des critères qui permettent d'attribuer ou non une espèce à cette classe (voir question 1), comme l'allaitement du petit par sa mère ou la présence de poils. Faciles à appliquer aux espèces actuelles, ils le sont beaucoup moins aux fossiles. D'une façon indirecte (phylogénétique moléculaire), la production de lait par des tétrapodes thérapsides serait apparue il y a 200 millions d'années, soit au début du Jurassique. Cette datation basée sur l'horloge moléculaire est toutefois sujette à caution. C'est en 2004 qu'a été découvert, en Mongolie intérieure, *Castorocauda lutrasimilis*, un tétrapode synapside aquatique qui vivait à la fin du Jurassique. Les scientifiques qui l'ont étudié ont décelé la présence de poils, les plus anciens connus. Mais cette espèce n'était pas un mammifère, bien qu'en étant proche (il est classé parmi les mammaliaformes).

Le critère de l'oreille moyenne composée de trois osselets est plus facilement utilisable. Chez les mammifères, l'os articulaire et l'os carré des vertébrés primitifs ayant migré dans l'oreille moyenne pour former respectivement le marteau et l'enclume, l'articulation entre la mâchoire et la boîte crânienne n'est plus composée que par l'os temporal et la mandibule. L'hétérodontie est également un critère intéressant. Mais s'il est propre aux mammifères aujourd'hui, il ne l'était pas nécessairement dans le passé, comme on l'a vu pour les poils.

Une autre difficulté réside dans le fait que les premiers mammifères étaient probablement de petite taille et vivaient dans des habitats secs, peu propices à la fossilisation. Les fossiles attribuables à cette classe sont très rares et souvent incomplets. Difficile, dans ces conditions, de trouver une combinaison de caractères qui permette de déterminer à coup sûr un mammifère.

C'est au Permien supérieur qu'il faut rechercher les ancêtres des mammifères. Il y a 260 millions d'années apparaissaient sur Terre les cynodontes. Ces thérapsides ont acquis, entre

la fin du Permien et la fin du Jurassique, divers caractères propres aux mammifères, en particulier des poils, une réduction du nombre d'os au niveau de la mandibule, une différenciation des dents et un palais secondaire.
Si les scientifiques s'accordent sur le fait que les mammifères sont les descendants d'un cynodonte, leurs avis divergent au moment de désigner le plus ancien fossile pouvant être qualifié de mammifère. Certains paléontologues considèrent que le plus ancien mammifère connu est *Megazostrodon*, qui vécut sur Terre à la charnière entre le Trias et le Jurassique, il y a 200 millions d'années environ. Il ressemblait à une musaraigne et était probablement nocturne. Il partageait de nombreux caractères avec les mammifères actuels. Toutefois, son oreille interne avait une structure primitive, proche de celle des reptiles. Sa place de premier mammifère est donc contestée. Néanmoins, d'après la phylogénétique moléculaire, c'est précisément à ce moment qu'aurait débuté la radiation (diversification) des mammifères et qu'il faudrait donc rechercher leur ancêtre commun. Cette radiation a été maximale au cours du Jurassique inférieur. Quant aux fossiles les plus anciens attribuables sans ambiguïté aux mammifères, ils datent du Jurassique moyen, tel *Ambondro mahabo*, qui vécut à Madagascar il y a 167 millions d'années.

69 Pourquoi les castors construisent-ils des barrages ?

Formidables bûcherons, les castors sont aussi de remarquables architectes. En effet, à peine arrivé sur un nouveau site, ce rongeur entame la construction d'impressionnants barrages. L'entrée de sa hutte ou de son terrier doit rester en permanence sous l'eau pour qu'il se sente en sécurité. Mais comment faire pour que le niveau d'eau soit assez élevé pour maintenir l'entrée du gîte continuellement submergée et que la chambre d'habitation reste au sec ? Rien de mieux que de construire un barrage pour réguler ce niveau et le garder constant malgré les fluctuations des courants !
De plus, le castor étant particulièrement malhabile sur la terre ferme, le barrage lui permet d'accéder plus facilement à des arbres un peu trop éloignés de la rivière en réduisant le

trajet qu'il a à parcourir sur terre. En rehaussant son barrage avec de nouvelles branches, ce rongeur va effectivement faire monter le niveau de l'eau. Il pourra alors traverser à la nage une bonne partie de la distance qui le sépare des arbres tant convoités.
Toujours pour éviter au maximum les déplacements terrestres, le castor peut creuser des canaux pour relier deux points d'eau, ou construire des « échelles » de branches pour surmonter des obstacles. Pour réaliser ses travaux, le castor d'Eurasie (*Castor fiber*) peut utiliser plus de 4 000 kg de bois par an et par adulte ! Son action permettrait par ailleurs d'augmenter la diversité végétale et animale des secteurs qu'il exploite, grâce, notamment, à la création de nouvelles zones humides et au maintien d'un milieu ouvert le long des cours d'eau.

Castor du Canada (*Castor canadensis*) sur son barrage.

Excellent exemple d'espèce ingénieure (espèce qui, par son activité naturelle, change le milieu où elle vit et crée un nouveau milieu qui lui est spécifique), le castor n'est cependant pas le seul mammifère à posséder de telles qualités. Le tatou géant (*Priodontes maximus*), notamment, crée des habitats jouant un rôle vital pour de nombreuses autres espèces. Ce mammifère, particulièrement reconnaissable grâce à son imposante carapace, creuse à l'aide de ses griffes, dont l'une mesure plus de 17 cm, des terriers de 5 m de long.

Par ailleurs, il apprécie de déménager tous les deux jours ! En posant des pièges photographiques dans plusieurs de ces terriers, une équipe de chercheurs a pu observer que plus d'une vingtaine d'espèces profitaient de ces gîtes. L'ocelot (*Leopardus pardalis*), la martre à tête grise (*Eira barbara*), le fourmilier à collier (*Tamandua tetradactyla*), le renard à petites oreilles (*Atelocynus microtis*) et de nombreux lézards font partie de ces visiteurs.

Le fourmilier à collier (*Tamandua tetradactyla*) profite des terriers creusés par le tatou géant (*Priodontes maximus*).

Les mammifères et l'homme

70 Les mammifères ont-ils inspiré les artistes ?

Des peintures rupestres ou pariétales préhistoriques aux célèbres *Puppy* ou *Balloon Dogs* de Jeff Koons, en passant par les fables de La Fontaine ou les dessins animés de Walt Disney, les mammifères ont depuis toujours inspiré les hommes.

Certaines œuvres préhistoriques sont encore visibles aujourd'hui. Ainsi, de nombreuses représentations de mammifères peuvent être observées, notamment en Ariège dans la grotte de Niaux. Ce site abrite une centaine de représentations animalières peintes il y a plus de 14 000 ans. Bisons, chevaux, bouquetins sont dessinés sur la roche au charbon de bois ou au dioxyde de manganèse. La grotte Chauvet, située en Ardèche, arbore, quant à elle, quelques-unes des œuvres pariétales représentant des animaux les plus anciennes du monde, avec des dessins datant de l'Aurignacien (environ – 35 000 ans). Félins, mammouths, rhinocéros laineux y sont figurés en grand nombre. Le record d'ancienneté de ce type d'œuvres préhistoriques serait aujourd'hui détenu par des dessins de mains découverts dans des grottes de Sulawesi (Indonésie) et réalisés il y a environ 40 000 ans. L'art pictural montrant des mammifères s'est perpétué au fil du temps, avec notamment les célèbres fresques murales égyptiennes regorgeant de dessins de chats, et, beaucoup plus récemment, les tableaux de chiens ou de chasse de Desportes, les représentations de chats mangeant un oiseau de Picasso, les jungles du Douanier Rousseau…

Les mammifères ont aussi fait couler beaucoup d'encre. *Le Corbeau et le Renard*, *Le Loup et l'Agneau*, *Le Rat de ville et le Rat des champs* ne sont que quelques exemples des nombreuses fables écrites par La Fontaine. De même, *Le Loup et les Sept Chevreaux* de Grimm, *Le Chat botté* de Perrault, mais aussi *Croc-Blanc* de Jack London constituent une infime partie des ouvrages dont les personnages principaux sont des mammifères. Ces animaux sont par ailleurs largement valorisés dans les dessins animés, particulièrement dans les anciens films de Walt Disney. *Pinocchio*, *Blanche-Neige* et *Le Roi lion*, notamment, présentent un nombre d'espèces animales plus important que les récents Walt Disney (*Mulan*, *Lilo et Stitch*, etc.), comme l'a démontré une étude réalisée par Anne-Caroline Prévot, du Muséum national d'histoire naturelle.

Les mammifères sont également une source d'inspiration pour les sculpteurs (voyez les nombreuses représentations de la louve allaitant Romulus et Rémus), mais aussi pour les chanteurs, notamment au travers de comptines telles que *Le Loup, le Renard et la Belette*, *Il court il court, le furet*… et pour les musiciens avec, par exemple, la célèbre musique de *Pierre et le Loup*.

71 Faut-il avoir peur des loups ?

Alors que, dans notre société, l'ours console de nombreux petits enfants, le loup gris (*Canis lupus*) a toujours suscité des craintes. Au Moyen Âge, ce dernier était considéré comme le premier ennemi de l'homme car il l'empêchait d'élever paisiblement ses animaux domestiques. L'Église le comparait alors au diable. Au XVIIIe siècle, Buffon le décrivait comme « désagréable en tout, la mine basse, l'aspect sauvage, la voix effrayante, l'odeur insupportable, le naturel pervers, les

mœurs féroces, il est odieux et nuisible de son vivant, inutile après sa mort ». Aujourd'hui, une des histoires les plus célèbres racontées aux enfants parle d'un grand méchant loup. Cette mauvaise image a valu à ce canidé d'être exterminé dans les années 1930 en France. Aujourd'hui, il revient naturellement dans notre pays et reconquiert progressivement son territoire, réveillant cette peur ancestrale. Mais cette mauvaise réputation et les craintes que le loup provoque sont-elles justifiées ?
En 2002, un groupe de scientifiques, coordonnés par John Linnell, a tenté de répondre à cette question en examinant les différentes données concernant des attaques de loups dans le monde, au cours des derniers siècles. La conclusion de ce rapport est qu'il existe bien des cas où des loups ont pu attaquer et tuer des gens et que, « dans [ces] cas extrêmement rares [...], la plupart des attaques ont été le fait de loups enragés, les attaques de prédation visant principalement les enfants. Les attaques en général ne sont pas habituelles mais épisodiques et l'humain ne fait pas partie des proies naturelles du loup ».
De 1750 à 1800, l'étude menée par Linnell recense environ 240 blessés et 360 morts à cause du loup, en France. Au cours du XIXe siècle, ces chiffres tombent à 290 blessés et 220 personnes tuées. Le nombre d'attaques continue à diminuer et aucune n'a été signalée en France depuis la recolonisation de l'espèce.
Le chien, meilleur ami de l'homme et proche parent du loup, compte aujourd'hui à son actif environ 200 000 morsures par an en France, dont certaines peuvent être fatales. Ces chiffres sont encore plus impressionnants aux États-Unis, avec environ 1 million de personnes mordues par an, dont 65 % d'enfants, parmi lesquels 16 à 18 en moyenne décèdent à la suite de ces blessures. Les moustiques seraient, eux, à l'origine d'environ 725 000 morts par an dans le monde... Et pourtant, ces deux dernières espèces n'inspirent pas autant de crainte que le loup.
Mais ces chiffres ne suffisent pas pour dépasser la peur ancestrale du loup dévorateur à la faim insatiable. Dans la mythologie romaine, les défunts disparaissaient dans la gueule du loup, gardien des enfers. Dans la mythologie nordique, Fenrir, loup gigantesque, avale le soleil avant d'engloutir Odin. Dans de nombreux contes, le loup est sans cesse à la recherche de chair fraîche (*Le Loup, La Chèvre et les Sept Chevreaux, Le Petit Chaperon rouge, Les Trois Petits Cochons*...). Ce n'est pas pour rien qu'on parle d'une « faim de loup ».

72 Où peut-on voir des sirènes ?

Qui n'a pas rêvé de voir un jour des sirènes ? Eh bien, réjouissez-vous car il est possible d'en apercevoir même en France ! Eh oui, la Nouvelle-Calédonie et Mayotte abritent une population de dugongs (*Dugong dugon*), et on trouve en Guyane des lamantins d'Amérique (*Trichechus manatus*). Ces deux mammifères marins, certainement moins sexy que les créatures hantant vos rêves, sont pourtant aujourd'hui les illustrations des sirènes nordiques, à ne pas confondre avec les sirènes mi-femmes mi-oiseaux issues de la mythologie grecque.

Les lamantins (ici le lamantin d'Amérique *Trichechus manatus*) appartiennent à la famille des siréniens.

Lamantins et dugongs possèdent une longue queue semblable à celle finissant le corps de ces êtres mi-femmes mi-poissons. Les femelles ont des mamelles qui peuvent, grossièrement, évoquer les seins des sirènes. De plus, ces mamelles étant situées entre les nageoires (presque dans le creux de l'aisselle), la femelle qui allaite prend une position comparable à celle de la femme. En outre, les siréniens (ordre regroupant lamantins et dugongs) communiquent avec des gémissements et des sifflements, ressemblant à des lamentations (d'où le nom des lamantins). Ces sons sont certainement à l'origine du mythe des chants des sirènes. Enfin, comme les sirènes du folklore scandinave, ces mammifères marins ne se trouvent que dans les eaux chaudes et peu profondes. Ainsi, Christophe Colomb, qui aurait aperçu lors de ses voyages trois sirènes près des côtes de Saint-Domingue, les présente comme « pas aussi belles qu'on les décrit... ». Il est vrai que les siréniens sont légèrement moins fins et élancés que la célèbre Ariel du dessin animé de Walt Disney !

73 D'où vient la légende de la licorne ?

Dotée d'un corps équin et d'une longue corne torsadée au milieu du front, la licorne est une créature légendaire qui a fait couler beaucoup d'encre. Bien que des observations aient été rapportées à plusieurs reprises dans des textes rédigés par divers explorateurs, cette légende est le fruit d'une confusion avec des animaux réels.

Le rhinocéros indien (*Rhinoceros unicornis*) et le rhinocéros de Java (*Rhinoceros sondaicus*) ont autrefois été identifiés comme des licornes, notamment par Pline, car ils ne portent qu'une seule corne. Ce sont d'ailleurs les seuls mammifères terrestres unicornes vivant actuellement. Comme leur description l'atteste : « Ils ont le poil du buffle, le pied comme celui de l'éléphant, une corne au milieu du front, très grosse et noire [...]. Il a la tête comme sanglier sauvage, et la porte toujours inclinée vers la terre. » Marco Polo semblait aussi se méprendre entre licornes et rhinocéros, mais, dans son cas, la confusion concernait le rhinocéros de Sumatra (*Dicerorhinus sumatrensis*).

En outre, un rhinocéros géant (*Elasmotherium sibiricum*) était présent sur Terre il y a environ 26 000 ans. Portant sur son crâne une corne de 1,5 m, ce colosse a été surnommé à bon escient la licorne de Sibérie. On peut effectivement imaginer que ce rhinocéros soit à l'origine de la légende de la licorne.

Plusieurs antilopes, dont l'oryx d'Arabie (*Oryx leucoryx*), ont également contribué à faire vivre la légende de la licorne. Vues de profil, ses deux longues cornes ne font plus qu'une, lui conférant ainsi la silhouette de cet animal mythique. Ajoutez à cela son pelage blanc lumineux, et la confusion devient évidente !

Outre les écrits des carnets de voyageurs, la vente de prétendues « cornes de licorne » a longtemps participé à propager ce mythe. En réalité, ces cornes étaient généralement des dents de narval (*Monodon monoceros*), un cétacé arctique dont le mâle possède une défense pouvant mesurer jusqu'à 3 m de long et surnommé non sans raison « licorne de mer ». Elles pouvaient parfois aussi provenir d'antilopes (oryx d'Arabie, éland du Cap *Taurotragus oryx*, etc.). La découverte du narval au XVIIIe siècle a fait peu à peu s'effondrer ce commerce et a rendu l'histoire de la licorne de moins en moins crédible. Enfin, cette légende a encore été alimentée par des artistes en tout genre dessinant, décrivant ou même fabriquant des mammifères à une corne. Ainsi, au XVIIe siècle, des os de fossiles de « licorne » auraient été trouvés en Allemagne. Il s'agissait en fait d'un montage. Cette reconstitution était le fruit d'un assemblage d'os de mammouth, de rhinocéros et d'une dent de narval. Ce faux squelette est aujourd'hui exposé à l'entrée du zoo d'Osnabrück en Allemagne. Plus récemment, dans les années 1980, une licorne était la vedette d'un cirque américain. Cet animal étrange, nommé Lancelot, était en réalité un bouc albinos dont les cornes avaient été modifiées.

Les rhinocéros ont contribué à faire vivre la légende de la licorne (ici un rhinocéros noir *Diceros bicornis*).

Le vampire commun (*Desmodus rotundus*) est une des trois chauves-souris vampires existant actuellement.

74 Les vampires existent-ils ?

Bien que *Desmodus draculae*, l'espèce à laquelle se rattachait Dracula, ait aujourd'hui définitivement disparu, il existe à l'heure actuelle trois autres chauves-souris vampires. Toutes se trouvent en Amérique du Sud et deux sont présentes en Guyane française ! Ces chauves-souris sont surnommées « vampires » car elles sont hématophages, c'est-à-dire qu'elles se nourrissent de sang. Deux de ces espèces, le vampire des oiseaux (*Diaemus youngii*) et le vampire à pattes velues (*Diphylla ecaudata*), sont spécialisées dans le sang d'oiseaux, bien que, dans certaines régions, cette dernière se mette à consommer du sang humain. Le vampire commun (*Desmodus rotundus*) se nourrit de sang de vertébrés de toutes sortes (oiseaux, mammifères, amphibiens) et apprécie particulièrement le sang des bovins venus avec les Européens en Amérique.

Repérant sa proie grâce à l'écholocalisation (voir question 48), le vampire commun termine l'approche à terre en toute discrétion en avançant à quatre pattes, grâce au pouce de son aile qui est particulièrement développé. Cette agilité au sol distingue le vampire des autres chauves-souris et lui permet de grimper délicatement sur sa victime. Grâce au capteur thermique de son nez, ce prédateur peut choisir une zone richement vascularisée du corps de sa cible en la détectant *via* la chaleur diffusée par les vaisseaux sanguins se trouvant à fleur de peau.

Afin de s'alimenter en toute quiétude, la chauve-souris vampire entaille alors légèrement sa proie avec des incisives si tranchantes que cette dernière ne sent rien ! Il est en effet fréquent qu'un homme victime d'un vampire pendant la nuit ne s'en rende compte qu'au petit matin, lorsqu'il s'aperçoit que son pied, par exemple, est recouvert de sang. À peine son coup de dent donné, la chauve-souris dépose un anticoagulant qui permet au sang de sa proie de couler abondamment. Elle n'a alors plus qu'à passer à table et à boire ce nectar ! Sa lèvre inférieure est fendue, permettant à la langue de passer plus facilement et d'effectuer de rapides mouvements de va-et-vient. Cette langue est utilisée comme une paille. Sa partie cornée ainsi que ces incessants mouvements empêchent la blessure de se refermer au cours de son repas. Ce dernier peut durer 10 à 40 min. Les vibrisses de son museau détectant tout mouvement suspect permettent au vampire de s'enfuir au moindre signe de réveil de sa proie.

Ce régime alimentaire est suivi dès le plus jeune âge ! En effet, dès 2 mois, le lait maternel est complété par du sang régurgité par la femelle. De même, quand certains vampires d'une colonie rentrent le ventre vide de leur partie de chasse, leurs parents (au sens large) vont les nourrir en régurgitant une partie du sang qu'ils ont ingéré. Cet acte d'altruisme (voir question 51) leur permet de survivre une journée de plus, car un vampire ne peut pas tenir plus de deux jours et demi sans manger.

Les vampires ne sont donc pas qu'une fiction. Mais ce régime alimentaire fait office d'exception chez les chauves-souris, car il ne concerne que trois espèces sur les plus de 1 200 chiroptères connus aujourd'hui.

75 Les éléphants ont-ils de la mémoire ?

La réputation de « puant » du putois est-elle méritée (voir question 53) ? Si vous vous souvenez de la réponse, c'est sûrement que vous avez une mémoire d'éléphant ! Mais cette expression est-elle justifiée ? Il semble qu'elle soit utilisée à bon escient. En effet, les éléphants ont une mémoire comparable à celle des dauphins et des primates, dont l'homme.

Grâce à sa mémoire, l'éléphant d'Afrique (*Loxodonta africana*) exploite efficacement les ressources de son vaste territoire.

Occupant un vaste domaine vital, les éléphants doivent mémoriser les différents lieux et chemins s'ils veulent retrouver leurs sources d'alimentation et d'eau, et ainsi survivre. Ils parcourent en effet des centaines de kilomètres par an, et peuvent, en une semaine, visiter des sources d'eau espacées de plus de 60 km pour étancher leur soif en saison sèche. Leur mémoire spatio-temporelle est donc bien entraînée, et cette compétence s'améliore avec l'âge ! Pour preuve, lors d'une importante sécheresse dans un parc de Tanzanie, deux groupes d'éléphants d'Afrique (*Loxodonta africana*), guidés par de vieilles femelles, quittèrent le parc pour chercher de l'eau. Ces matriarches, qui avaient déjà traversé des épisodes de sécheresse similaires, réussirent à sauver 90 % de leur troupe en retrouvant d'anciennes sources, alors que les groupes plus jeunes subirent des pertes d'effectifs bien plus importantes.

Les éléphants retiennent aussi la période de maturation des fruits et recherchent ainsi la nourriture en fonction des saisons ! Un gain de temps précieux et un savoir que les femelles s'attachent à enseigner à leurs jeunes.
Les éléphants bénéficient d'une très bonne mémoire auditive, visuelle et olfactive. Ils sont ainsi capables de retenir une centaine de voix différentes et de reconnaître la provenance ethnique d'une personne à sa voix ! Un adulte pourrait aussi mémoriser plus de 200 congénères. Deux éléphants qui s'étaient côtoyés dans un cirque pendant quelques mois se sont reconnus plus de vingt ans après ! Il est donc vivement déconseillé de « chercher des poux » à un éléphant…

76 Quelles utilisations l'homme fait-il des mammifères ?

N'étant jamais en manque d'imagination, l'homme a de tout temps su tirer pleinement parti de son environnement. Il a largement utilisé les mammifères, ainsi que nombre d'autres animaux et beaucoup de plantes. Cette utilisation concerne aussi bien les animaux sauvages que les animaux domestiques (voir question 80). Elle date des premiers chasseurs-cueilleurs et n'a cessé de croître, en particulier avec l'essor de l'élevage.
Les mammifères ont surtout été exploités pour satisfaire des besoins vitaux : se nourrir (viande, lait…), se vêtir (cuir, fourrure, laine…) ou se loger (huttes en os de mammouth, tentes en peaux ou en feutre, pisé à base de bouse de yak…). La bouse de vache a également été très employée, et l'est encore dans certaines régions du monde, comme combustible pour se chauffer. Les Inuits consumaient de la graisse de caribou ou de l'huile de phoque dans des lampes en stéatite pour s'éclairer ou se chauffer.
Cornes, bois et os ont été transformés en outils ou en ustensiles de cuisine. Les peaux de phoque ont servi de coques pour les kayaks. Au-delà de leurs usages domestiques, les huiles ou les graisses de mammifères marins ont été employées dans l'industrie. Le spermaceti du cachalot (*Physeter macrocephalus*), une substance huileuse présente dans la tête de l'animal, a été utilisé comme lubrifiant et pour le tannage

du cuir. On a tiré des glandes de certains mammifères des produits utilisés en parfumerie (castoréum, musc, ambre gris, civettone, hyraceum...).
Se soigner est également un besoin vital pour l'espèce humaine. Des vertus curatives ou aphrodisiaques, plus ou moins réelles, ont été attribuées à certaines parties du corps de mammifères, ou certaines substances qu'ils produisent. Ces vertus peuvent être occultes, l'objectif étant alors de se protéger du mal ou d'acquérir de la force (griffes ou dents de prédateurs utilisées comme talismans, chauves-souris clouées sur les portes...). Une utilisation thérapeutique plus douce de quelques mammifères (dauphins ou chevaux par exemple) se développe actuellement pour soigner certains troubles moteurs et psychiques chez l'homme. À défaut de soigner, d'autres mammifères, comme le rat surmulot (*Rattus norvegicus*), la souris grise (*Mus musculus*) ou le macaque rhésus (*Macaca mulatta*), font progresser la recherche médicale en tant qu'animaux de laboratoire.
Les hommes tirent également profit des mammifères pour effectuer des travaux (tirer une charrue par exemple) ou comme moyen de transport. Certaines espèces sont employées à des fins militaires. Ainsi, entre les années 1960 et 2017, l'US Navy a développé un

Percherons (*Equus caballus*) en attelage.

programme utilisant des grands dauphins (*Tursiops truncatus*) et des otaries de Californie (*Zalophus californianus*) pour déplacer des mines ou protéger des bateaux. Équipés de caméras, des chiens peuvent aussi espionner les lignes adverses. De manière plus pacifique, certains chiens sont éduqués à opérer des sauvetages, par exemple après une avalanche ou un tremblement de terre. D'autres aident les malvoyants à circuler et les douaniers à repérer des chargements de drogue. À la maison ou à la ferme, les chiens protègent leurs maîtres et leurs biens (troupeaux de bétail, par exemple) pendant que les chats dératisent.
On a parfois fait usage de mammifères en lutte biologique, pas toujours avec le succès escompté (mangouste tachetée *Herpestes auropunctatus*, contre les rats aux Antilles, notamment) ou pour restaurer ou entretenir des habitats (divers herbivores).
Les mammifères ou leur image sont aussi exploités à des fins culturelles ou pour les loisirs. Ils sont transformés en objets d'art (défenses sculptées, par exemple) ou en sont le support (vélin). Ils apparaissent dans la peinture, la sculpture, la littérature ou la musique (voir question 70) et dans la publicité. On en fait parfois des artistes de spectacles dans les cirques ou les marinelands. Certains mammifères font l'objet d'une chasse de loisir, le chien aidant quant à lui le chasseur. D'autres (ou parfois les mêmes) génèrent au contraire une activité d'écotourisme. Chevaux et ânes sont également largement utilisés par les industries du loisir et du tourisme.
Certains mammifères, enfin, nous tiennent tout simplement compagnie, sans qu'on leur demande rien d'autre sinon un peu d'affection, depuis des siècles pour quelques-uns… ou quelques années pour les NAC (voir question 77).

77 Quels mammifères ont été introduits en France ?

Une espèce introduite est une espèce non indigène, importée volontairement ou involontairement par l'homme et qui a fondé dans le milieu naturel au moins une population viable. L'homme a certainement déplacé avec lui des espèces dès qu'il a commencé à partir à la conquête du monde. Pour ce qui concerne les mammifères, les premières espèces à avoir été introduites sont les espèces commensales, puis les espèces domestiques ou en début de domestication.

En France, la chèvre domestique (*Capra hircus*) et le mouflon d'Arménie (*Ovis gmelinii*) ont été introduits depuis l'Asie il y a près de 7 500 ans (voir question 80). La souris grise (*Mus musculus*) et le rat noir (*Rattus rattus*) sont arrivés beaucoup plus tard, au cours du premier millénaire avant J.-C. Outre-mer, le rat du Pacifique (*Rattus exulans*) aurait été introduit en Nouvelle-Calédonie par les premiers Mélanésiens 2 000 ans avant J.-C. Mais la grande majorité des introductions sont survenues à partir du XVIIIe siècle.

Aujourd'hui, on dénombre en France (métropole et outre-mer) 37 espèces introduites. Pour la seule métropole, on en compte 18, soit 15,5 % des espèces terrestres. Ce sont surtout des ongulés (ex. : cerf sika *Cervus nippon*), des rongeurs (ex. : ragondin *Myocastor coypus*), des lagomorphes (ex. : lièvre ibérique *Lepus granatensis*) et des carnivores (ex. : raton laveur *Procyon lotor*). Mais il y a des espèces plus surprenantes, tel le wallaby de Bennett (*Macropus rufogriseus*) en région parisienne. Ces espèces proviennent de presque tous les continents, bien que la moitié soit d'origine asiatique.

Le rat noir (*Rattus rattus*) est l'un des mammifères qui a été le plus introduit dans le monde.

La plupart ont été importées volontairement pour l'industrie de la fourrure, la chasse ou des zoos, et se sont échappées de leur enclos ou ont été libérées. Mais une nouvelle source d'introduction est apparue depuis quelques années : le commerce des nouveaux animaux de compagnie (NAC), tel le tamia de Sibérie (*Tamias sibiricus*), qui peuvent s'évader ou être relâchés dans la nature par leurs maîtres qui n'en veulent plus.

Le rat surmulot (*Rattus norvegicus*), le rat noir et la souris grise sont les espèces introduites les plus répandues puisqu'on les retrouve pratiquement partout. Leur affinité à vivre avec les humains et notamment à profiter de leurs restes alimentaires (commensalisme) y est sûrement pour quelque chose.
Les espèces introduites qui causent le plus de tort à d'autres espèces, aux habitats, voire aux cultures, sont qualifiées d'espèces exotiques envahissantes (EEE). Nos rats et la souris grise sont parmi celles qui causent le plus de dégâts au monde, ayant déjà fait disparaître d'autres espèces, des oiseaux endémiques de certaines îles en particulier. En métropole, le vison d'Amérique (*Mustela vison*) se montre l'un des plus envahissants : il pourrait causer dans les années à venir la disparition du vison d'Europe (*M. lutreola*), avec lequel il entre en compétition. Les espèces introduites sont par ailleurs des vecteurs de maladies pour les autres animaux, mais aussi pour l'homme, tel le rat noir, à l'origine de nombreuses épidémies de peste (voir question 82). C'est pourquoi il est vraiment important de se prémunir contre toute nouvelle introduction et de ne jamais relâcher dans un lieu naturel une espèce qui n'en est pas originaire.

78 Se soigner par les plantes : une invention des hommes ?

Pour prévenir (prophylaxie) ou soigner (thérapie) une maladie, l'homme peut adopter diverses stratégies : par exemple, invoquer les dieux pour qu'ils le protègent et le guérissent, ou bien aller voir un médecin pour se faire prescrire un médicament. Depuis des millénaires, il y a toujours eu, chez les hommes, des individus ayant pour mission de soigner leurs semblables, de diverses façons, généralement à l'aide de plantes. Ces savoirs se sont transmis de génération en génération. L'omniprésence de la médecine dans toutes nos sociétés, y compris pour soigner les animaux, pourrait laisser penser que l'homme est la seule espèce à savoir soigner.
Une fois de plus, l'étude du comportement des animaux (éthologie), particulièrement dans leurs habitats naturels, nous a amenés à prendre du recul sur nous-mêmes (voir un autre exemple de l'apport de l'éthologie question 42). En

compilant des données sur des comportements alimentaires inhabituels chez l'éléphant d'Asie (*Elephas maximus*), le sanglier (*Sus scrofa*) et le rhinocéros de Sumatra (*Didermocerus sumatrensis*), D.H. Janzen a émis en 1978 l'hypothèse d'une automédication chez les mammifères. Les plantes concernées se révèlent en effet très difficiles à digérer, donc *a priori* peu intéressantes d'un point de vue alimentaire, et certaines sont utilisées dans la médecine traditionnelle humaine, en particulier comme vermifuges. Depuis, cette hypothèse a été largement vérifiée chez les mammifères, ainsi que chez les insectes et les oiseaux.

Les mammifères utilisent surtout les plantes pour se soigner. Par exemple, le chimpanzé (*Pan troglodytes*) consomme diverses astéracées, telles que *Gymnanthemum amygdalinum*, pour contrôler les infections intestinales par des nématodes, à l'instar des populations humaines locales. Le chimpanzé, le bonobo (*Pan paniscus*) et différentes espèces de gorilles avalent des feuilles qui se retrouvent intactes dans les excréments : elles constitueraient un moyen physique de purger leur intestin des nématodes parasites. La consommation d'herbes par le chat ou le chien a un effet vomitif. L'écorçage des hêtres par le cerf élaphe (*Cervus elaphus*) pourrait s'expliquer entre autres par la forte teneur en tanin de cette écorce, qui aurait une action vermifuge...

La consommation de plantes ne semble pas être la seule façon de se soigner. La géophagie (consommation de terre) est couramment observée chez certains primates. Cette terre est généralement argileuse. Outre l'apport de sels minéraux (voir question 35), elle aurait pour effet de limiter les risques de maux d'estomac ou de vomissement après la consommation de certaines plantes. Le kaolin aurait aussi pour effet de stimuler les propriétés curatives des plantes consommées pour se soigner.

Difficile de dire si les premiers hommes ont acquis la connaissance des propriétés thérapeutiques des plantes en observant les animaux, et particulièrement les primates, ou s'ils ont fait ces « découvertes » indépendamment. Mais ce savoir peut également être issu en partie de l'héritage d'un ancêtre commun. Il n'empêche que, parallèlement à la recherche médicale, l'observation attentive du comportement des mammifères pourra nous faire découvrir (ou redécouvrir ?) des substances capables de nous soigner.

79 Existe-t-il des mammifères utiles et des mammifères nuisibles ?

Depuis toujours, certains animaux ont causé des désagréments à l'homme – et réciproquement d'ailleurs. Par exemple, que représentaient les carnivores pour les premiers chasseurs-cueilleurs ? Des concurrents à éliminer ? Ou au contraire des modèles à honorer ? Sûrement un peu les deux. Avec l'avènement de l'agriculture, certaines espèces nous sont devenues utiles, en particulier celles que nous avons mises à notre service (voir questions 76 et 80) ou bien, plus tard, celles que nous avons reconnues comme auxiliaires des cultures (par exemple, les chauves-souris qui mangent des insectes ravageurs de culture ou vecteurs de maladies). D'autres espèces, au contraire, par leurs prédations sur nos animaux d'élevage ou leurs dégâts à nos cultures végétales, sont devenues nos pires ennemies. De là est venue la notion de bêtes bienfaisantes et de bêtes malfaisantes. Mais cette perception des animaux, et de la nature en général, est avant tout centrée sur nos propres intérêts. L'homme ne serait-il pas également nuisible à de nombreuses espèces animales ?

Le mulot sylvestre (*Apodemus sylvaticus*) : un mammifère nuisible ou utile ?

Une vision manichéenne de la nature ne permet pas d'appréhender correctement le fonctionnement des écosystèmes. Les relations entre les espèces sont beaucoup plus complexes que cela. Bien sûr, certaines espèces favorisent nos activités et d'autres les défavorisent. Mais, à y regarder de plus près, celles qui nous apparaissent nuisibles nous seraient aussi utiles par certains aspects, et *vice versa*. Bien sûr aussi, il existe dans la nature des espèces qui perturbent profondément les écosystèmes et auxquelles il est difficile d'attribuer des effets positifs. Ce sont pratiquement toujours des espèces exotiques envahissantes (voir question 77). Mais, pour un grand nombre d'entre elles, hors situation insulaire, leurs impacts négatifs s'estompent avec le temps.
Quelques exemples pris parmi les mammifères peuvent montrer le peu de pertinence de cette répartition sans nuance entre animaux utiles ou nuisibles. Le loup gris (*Canis lupus*), bien que protégé, reste un animal nuisible pour de nombreuses personnes et peut faire l'objet de tirs de destruction. C'est pourtant un prédateur du sanglier (*Sus scrofa*), du chevreuil européen (*Capreolus capreolus*) et du cerf élaphe (*Cervus elaphus*), espèces qui, en densité trop importante, peuvent causer des dégâts aux cultures ou bien freiner la régénération forestière. Le renard roux (*Vulpes vulpes*), souvent considéré comme nuisible, est pourtant l'un des principaux prédateurs du mulot sylvestre (*Apodemus sylvaticus*), du campagnol des champs (*Microtus arvalis*) et du campagnol fouisseur (*Arvicola scherman*), tous classés dans la liste des organismes nuisibles aux végétaux. À ce titre, il se révèle un excellent auxiliaire des cultures. Une étude a été menée à l'université de Pau sur les relations entre le mulot sylvestre, la gesse des bois (*Lathyrus sylvestris*) et un coléoptère parasite de cette plante (une bruche). Le mulot consomme des graines et des parties vertes de cette plante. Si on ne considère que cette interaction, il peut effectivement être considéré comme un ennemi des végétaux. Mais, en faisant des réserves de graines dont une partie ne sera pas consommée, il participe à la dissémination de la gesse. Par ailleurs, en ouvrant les graines de la gesse, il consomme les larves de bruche présentes, contribuant ainsi au contrôle de ce parasite. Peut-on encore le qualifier d'organisme nuisible aux végétaux ?

80 Quels mammifères ont été domestiqués ?

Les mammifères domestiques sont nombreux, présents dans les maisons comme dans les prés. Une enquête menée en 2015 a recensé 12,7 millions de chats et 7,3 millions de chiens en France ! Quant aux vaches, aux chevaux et aux moutons, on en compte respectivement 19,3 millions, 1,1 million et 7,1 millions. À titre de comparaison, dans le milieu naturel, toujours en France, il y a en 2017 environ 360 loups gris (*Canis lupus*), moins de 250 visons d'Europe (*Mustela lutreola*) et 39 ours bruns (*Ursus arctos*). Mais qui sont ces animaux domestiques et d'où viennent-ils ?

La domestication est un processus qui consiste à modifier une espèce par sélection génétique en contrôlant sa reproduction, les nouveaux caractères étant transmis d'une génération à l'autre. Il n'est en réalité pas toujours si simple de dire si une espèce, ou plus exactement une population de celle-ci, est domestique ou non. En effet, le processus de domestication peut prendre des millénaires et on peut trouver tous les intermédiaires possibles entre une espèce sauvage et sa version domestique. Ainsi, une espèce en tout début de domestication peut être si proche de l'espèce parentale qu'il est presque impossible de la distinguer sans le recours à la génétique. C'est le cas du mouflon d'Arménie (*Ovis gmelinii*), ancêtre du mouton (*Ovis aries*), sur certaines îles méditerranéennes, dont la Corse (voir question 77). Des populations de cette espèce y ont été introduites il y a plus de sept mille ans, alors qu'elles étaient en tout début de domestication, et elles sont vite retournées à l'état sauvage. Pour certains spécialistes, il faut attribuer ces populations à l'espèce d'origine, le mouflon d'Arménie. Pour d'autres, ce ne sont que des moutons primitifs marrons (c'est-à-dire retournés à l'état sauvage).

Par ailleurs, il ne suffit pas d'habiter dans nos maisons ou à proximité pour être domestique. La souris grise (*Mus musculus*) « sauvage » ne mérite donc pas ce qualificatif, contrairement à sa forme de laboratoire, la souris blanche, qui a été sélectionnée pour cette fonction. Enfin, il ne faut pas confondre domestication, apprivoisement et dressage. Les deux derniers termes concernent des individus et non des populations d'espèces. De plus, les modifications comportementales obtenues ne sont pas transmissibles génétiquement.

Les premières domestications de mammifères sont très anciennes, mais difficiles à dater d'une façon absolue car progressives. La plus ancienne, celle du chien, a commencé il y a au moins quinze mille ans. Elles ont été effectuées dans diverses régions du monde, en particulier les Andes et la vallée de l'Indus. Mais la zone la plus prolifique correspond au Croissant fertile et ses alentours (de la Turquie à l'Iran). Voici quelques exemples d'espèces sauvages et leurs formes domestiques. Dans les Andes, le guanaco (*Lama guanicoe*) et le cobaye sauvage (*Cavia aperea*) ont respectivement donné naissance au lama et au cochon d'Inde. Le zébu a été domestiqué dans la vallée de l'Indus à partir de l'aurochs (*Bos primigenius*). Au Proche-Orient, le loup gris a donné le chien. Le cochon, forme domestique du sanglier (*Sus scrofa*), est né dans la même région. Dans certains cas, l'espèce parente sauvage n'existe plus, tel l'aurochs, ancêtre de la vache et du zébu. Quant à l'ancêtre sauvage du dromadaire (*Camelus dromaderius*), il s'est éteint il y a deux mille à cinq mille ans.
Les mammifères ont été domestiqués pour leurs produits (viande, laine...), leur force et leur résistance, leur aptitude à nous défendre et à protéger nos biens, ou encore tout simplement pour nous tenir compagnie (voir question 76). Peu importe la raison, ils nous sont désormais indispensables.

81 Les mammifères sauvages peuvent-ils être contaminés par des mammifères domestiques ?

De nombreuses maladies infectieuses affectent les mammifères. Il est fréquent qu'elles puissent passer d'une espèce à une autre. Dans le cas des maladies parasitaires, le parasite peut même effectuer un cycle impliquant plusieurs espèces hôtes. Le passage d'une espèce à une autre peut se faire d'autant plus facilement qu'elles sont proches (appartenance à une même famille taxonomique, par exemple) et peut également se faire entre espèces sauvages et domestiques. Bizarrement, cette transmission sauvage/domestique est pratiquement toujours présentée dans le sens du sauvage vers le domestique, le premier étant coupable, le second étant victime. Les choses ne sont pourtant pas si simples.

Durant les siècles passés, la peste bovine, originaire d'Asie, a décimé à plusieurs reprises les troupeaux européens. À part l'Égypte, l'Afrique était épargnée. À la fin du XIXe siècle, les Italiens ont conduit du bétail jusqu'en Abyssinie, c'est-à-dire au sud du Sahara. Certains animaux étaient porteurs du virus responsable de la maladie. Ainsi, la peste bovine s'est propagée dans toute l'Afrique. Les ongulés sauvages, et en particulier les buffles, ont été contaminés. Ceux-ci ont alors été considérés comme des réservoirs de la maladie et responsables des épizooties récurrentes qui affectaient le bétail domestique. Dix mille ongulés sauvages ont été abattus en Afrique de l'Est entre 1941 et 1951 dans une tentative d'éradiquer la peste bovine. Tout laisse croire aujourd'hui qu'ils ne constituaient pas un réservoir de cette maladie mais en ont été plutôt victimes. La peste bovine a été éliminée de la planète en 2011 après une campagne panafricaine.

Le loup d'Abyssinie (*Canis simensis*) est l'un des carnivores les plus rares du monde. Il en reste environ 500, disséminés sur 7 massifs montagneux d'Éthiopie. Dans le mont Balé, où vit plus de la

Le loup d'Abyssinie (*Canis simensis*), un mammifère en danger, victime de la rage apportée par les chiens des bergers.

moitié de la population mondiale, 4 épizooties de rage canine ont affecté l'espèce depuis le début des années 1990. Les scientifiques ont estimé que de 64 % à 73 % des individus de cette sous-population sont morts de cette maladie entre 1991 et 1992. Des chiens domestiques porteurs de la rage sont certainement responsables de ces épidémies. En effet, chassés des terres plus basses par l'agriculture intensive, les éleveurs envahissent de plus en plus les montagnes. Ils sont accompagnés de leurs chiens, qui sont ainsi de plus en plus souvent en contact avec les loups d'Abyssinie.
Tout comme le bétail, les mammifères sauvages sont régulièrement infectés par la tuberculose bovine et la brucellose, deux maladies bactériennes. Il s'agit presque toujours d'une transmission des animaux domestiques vers les animaux sauvages. Il existe toutefois des exceptions. Ainsi, les blaireaux européens (*Meles meles*) de Grande-Bretagne sont devenus un réservoir de la tuberculose bovine après contamination par les bovins. De même, un groupe de bouquetins des Alpes (*Capra ibex*) a pu, dans le massif du Bargy, devenir réservoir de *Brucella melitensis*, une des bactéries responsables de la brucellose bovine. Mais cette situation, où la faune sauvage serait à l'origine d'une épidémie de brucellose, n'avait jamais été décrite auparavant et reste exceptionnelle malgré le tapage médiatique qu'elle a engendré.

82 Quelles maladies les mammifères sauvages peuvent-ils transmettre à l'homme ?

L'homme échange des agents infectieux avec les autres vertébrés. Les transmissions peuvent se faire dans les deux sens. Les maladies qui en résultent portent le nom de zoonoses. Une zoonose est donc le résultat d'interactions entre trois acteurs : l'homme, l'agent infectieux (virus, bactérie, parasite...) et au moins un autre vertébré. La plupart du temps, c'est un mammifère sauvage ou domestique. Un quatrième acteur intervient parfois : un hôte intermédiaire, qui assure le passage de l'agent infectieux de l'animal réservoir vers l'homme, ou *vice versa*. Ce vecteur est généralement un invertébré (une puce, un moustique, une tique...).

Les zoonoses sont loin d'être anecdotiques : elles représentent plus de 60 % des maladies infectieuses ! Certaines sont célèbres et redoutées. La peste fait partie de celles-ci. On se souvient encore des terribles épidémies qui ont frappé l'Asie et l'Europe à plusieurs reprises. Dans certains épisodes, elle a probablement tué des dizaines de millions de personnes sur de vastes espaces géographiques : on parle alors de pandémie. La pandémie qui s'est développée entre 1348 et 1350 aurait éliminé un quart de la population européenne. Le mammifère impliqué est le rat noir (*Rattus rattus*), et l'agent infectieux une bactérie nommée *Yersinia pestis*. Les puces (probablement celles des rats) ont joué les intermédiaires. La peste a peu de chance d'être contractée en France, d'où elle a disparu, mais elle persiste dans certains pays comme Madagascar, où des épidémies se déclarent presque annuellement.

La rage est également une source permanente d'inquiétude. Elle n'a pourtant jamais fait en France autant de victimes que la grippe. La rage est une maladie virale. Il existe plusieurs espèces de virus, voire de souches d'un même virus, circulant chacune dans des groupes différents d'espèces réservoirs (principalement des carnivores ou des chauves-souris). Le passage du virus d'un animal enragé à l'homme se fait généralement à l'occasion d'une morsure, mais aussi d'une griffure ou d'un lèchement. La France a été déclarée indemne de la rage du renard (rage vulpine) en 2000, mais des chiens enragés sont régulièrement importés illégalement depuis des pays où la rage canine est présente en permanence. La rage des chauves-souris est par contre présente en France, et il faut donc manipuler ces petits mammifères avec des gants (comme toute espèce animale sauvage, d'ailleurs).

D'autres zoonoses nous sont familières car présentes en France, et nécessitent qu'on y prenne garde. C'est le cas de la maladie de Lyme, une maladie bactérienne dont les espèces réservoirs sont, en Europe, les mulots, les cerfs et les chevreuils. Elle est transmise à l'homme *via* les tiques. En revanche, l'échinococcose alvéolaire, une maladie parasitaire, n'affecte normalement pas l'homme. Le parasite est un petit ténia. L'adulte vit dans l'intestin d'un carnivore sauvage ou domestique (renard, chien, chat), alors que la larve se loge dans un autre organe d'un campagnol, souvent le foie. Le campagnol s'infecte en mangeant de l'herbe souillée par des œufs du ténia évacués de l'intestin du carnivore avec ses excréments.

Le carnivore s'infecte en mangeant un campagnol hébergeant des larves. L'homme s'infecte accidentellement en ingérant des œufs, possiblement en consommant des fruits des bois mal lavés, mais plus probablement en manipulant un renard fraîchement tué ou en caressant son chien. L'homme est un cul-de-sac pour la maladie : le cycle du parasite se rompt avec lui car la probabilité qu'il réinfecte un carnivore est pratiquement nulle.

De nouvelles maladies (dites émergentes) telles qu'Ebola ou le SRAS (syndrome respiratoire aigu sévère) apparaissent régulièrement. Les causes principales sont certainement l'altération et l'envahissement toujours plus important des milieux naturels par l'homme. Cette situation augmente la fréquence des contacts entre faune sauvage et homme, et donc le risque d'apparition de nouvelles zoonoses.

En Amérique du Nord, les ratons laveurs (*Procyon lotor*) sont des vecteurs de la maladie de Lyme.

83 Comment s'appelle la science qui étudie les mammifères ?

La science qui étudie les mammifères s'appelle la mammalogie. Elle a été également appelée thériologie, nom abandonné en France mais encore employé par les Anglo-Saxons dans sa traduction anglaise et allemande. La racine grecque de ce mot, *thêrion*, désigne toutefois plus largement les animaux sauvages. Il ne faut pas confondre la mammalogie avec la mammologie, une discipline de la médecine qui étudie les glandes mammaires.

Mammalogiste et colobe guéréza (*Colobus guereza*) : qui étudie qui ?

La mammalogie est une des branches de la zoologie. Les plus anciennes observations scientifiques de mammifères nous viennent d'Aristote, au IVe siècle avant J.-C. Il faudra pratiquement attendre le XVIIIe siècle et l'essor des sciences naturelles pour que des avancées significatives soient faites sur la connaissance de ces animaux. Buffon (1707-1788) et Daubenton (1716-1800), naturalistes généralistes, y ont contribué, en particulier ce dernier par ses études anatomiques. On peut considérer qu'ils sont parmi les premiers mammalogistes, même si leurs travaux ont concerné l'ensemble des objets naturels, y compris les minéraux. Linné (1707-1778) contribua aussi beaucoup à la connaissance des mammifères. Père de la taxonomie (science qui décrit, classe et nomme les espèces), on lui doit par exemple le nom de *Canis lupus* pour le loup gris, d'*Hippopotamus amphibius* pour l'hippopotame ou de *Delphinus delphis* pour le dauphin commun. C'est plutôt en tant que paléontologue que Georges Cuvier (1769-1832) étudia les mammifères. Son frère Frédéric

(1773-1838) publia l'*Histoire naturelle des cétacés* en deux volumes et, avec Étienne Geoffroy Saint-Hilaire (1772-1844), l'*Histoire naturelle des mammifères* en quatre volumes. Ces ouvrages exhaustifs sont les premiers consacrés exclusivement à ces animaux.

Jusqu'à la fin du XIXe siècle, les mammifères continueront d'être étudiés par des naturalistes professionnels ou amateurs (dont des médecins et des chirurgiens pour ce qui concerne les études anatomiques). Mais ces savants étaient multidisciplinaires. Il faudra attendre le XXe siècle pour que des chercheurs se consacrent exclusivement à ce groupe, faisant de la mammalogie une science à part entière. Quelques mammalogistes ont acquis une réputation mondiale auprès de leurs collègues, mais peu sont connus du grand public. Jane Goodall, éthologue et primatologue, fait partie de ces derniers. Ses travaux sur le comportement des chimpanzés (*Pan troglodytes*) sont célèbres (voir question 42). À un moindre degré, Dian Fossey (1932-1985) a également connu un grand succès populaire pour ses études sur les gorilles de l'Est (*Gorilla beringei*), avant d'être assassinée sur son terrain d'étude, dans les montagnes des Virunga.

Parallèlement aux travaux de recherches, les mammalogistes participent activement à la conservation des espèces. De nombreuses associations, telles la Society for Marine Mammalogy, à l'échelle mondiale, ou la Societas Europaea Mammalogica en Europe, sont dédiées aux mammifères. En France, la Société française pour l'étude et la protection des mammifères (SFEPM) regroupe les mammalogistes professionnels ou amateurs, et fédère les associations régionales (voir question 84).

84 Comment s'investir dans la conservation des mammifères ?

Tout mammalogiste en herbe peut s'investir dans la conservation des mammifères. En effet, pour sauvegarder les espèces, il faut savoir les trouver, connaître leur écologie, identifier les menaces qui pèsent sur elles et avoir envie d'essayer de les sauver… Comment savoir que le rhinocéros de Java (*Rhinoceros sondaicus*) est en danger (voir question 21) si l'on ne connaît pas son aire de répartition ? Comment préserver l'ours brun (*Ursus arctos*) dans les Pyrénées sans étudier sa dynamique de population ? Comment sauver les orangs-outans (*Pongo abelii* et *P. pygmaeus*) sans agir contre la destruction de leur habitat ? Pour trouver les réponses à ces questions, les scientifiques s'appuient généralement sur l'important travail réalisé par les bénévoles d'associations de protection de la nature.

Aujourd'hui, la majorité des régions françaises travaille sur des atlas de répartition des mammifères. Ces atlas sont réalisés à partir de données, généralement récoltées par des membres d'associations. De même, plusieurs enquêtes, destinées au grand public, sont menées pour améliorer les connaissances sur certaines espèces. Ainsi, le Groupe mammalogique breton a lancé un appel pour rechercher le muscardin (*Muscardinus avellanarius*) en Bretagne ; le Groupe d'étude des mammifères de Lorraine invite les habitants à partager leurs observations de blaireaux (*Meles meles*) afin d'appréhender, notamment, l'impact de la mortalité routière ; la Société française pour l'étude et la protection des mammifères (SFEPM) mène une étude sur la répartition du rat des moissons (*Micromys minutus*) pour en préciser l'évolution.

Ce type d'étude a permis notamment d'inscrire le campagnol amphibie (*Arvicola sapidus*) à la liste nationale des mammifères protégés en 2012. Ce fut le fruit du travail de nombreuses personnes ayant contribué à l'enquête nationale, menée par la SFEPM, sur la répartition de ce gros campagnol. Ainsi, en vous inscrivant dans des associations de protection de la nature et en faisant remonter vos observations, vous pouvez contribuer à l'acquisition de ces informations indispensables pour la conservation des mammifères.

Il est aussi possible de faire quelques aménagements dans son jardin ou dans son grenier pour favoriser la présence, voire la survie, de certains mammifères. Par exemple, si votre jardin est fermé par un grillage, n'hésitez pas à créer des ouvertures pour permettre le passage de certaines espèces, comme le hérisson (*Erinaceus europaeus*). Si votre grillage est soutenu par des piliers creux, pensez à boucher les trous pour éviter qu'un petit mammifère y tombe et reste pris au piège. Dans votre grenier, vous pouvez installer des gîtes artificiels pour attirer les chauves-souris et laisser des petits trous afin qu'elles puissent aller et venir à leur guise. Lors de vos balades, pensez

à repartir avec vos déchets, voire à ramasser ceux qui ont été laissés, car les bouteilles ou canettes constituent des pièges mortels pour les mulots et musaraignes : attirés par l'odeur, ils s'engouffrent dans ces récipients mais ne parviennent pas toujours à s'en extirper.
Toutes ces petites actions contribuent largement à la préservation des mammifères et de la biodiversité en général. Il est donc grand temps d'agir !

La SFEPM est l'association nationale qui agit pour connaître, protéger les mammifères et sensibiliser le public à leur diversité et à leur rôle. Elle est ouverte à tout mammalogiste, amateur ou professionnel.

SFEPM
SOCIÉTÉ FRANÇAISE POUR L'ÉTUDE
ET LA PROTECTION DES MAMMIFÈRES

85 Que trouve-t-on dans le sac du mammalogiste ?

Tout mammalogiste, c'est-à-dire toute personne s'intéressant aux mammifères, amateur ou professionnel, doit avoir avec lui quelques affaires indispensables lorsqu'il part à la recherche des mammifères. Comme tout bon naturaliste, il est important de prendre avec soi un carnet de notes, un crayon à papier (vous serez sûr de ne pas avoir de panne d'encre), une carte topographique du secteur à visiter et une lampe de poche, au cas où les recherches s'éternisent, ou bien pour visiter un coin sombre. À cette liste de base, il faut ajouter un appareil photographique pour garder trace des indices que vous trouverez et vérifier leur identification, une fois rentré chez vous, à l'aide de vos guides ou auprès d'un expert. Pensez aussi à prendre un mètre déroulant, qui vous permet de mesurer les différentes traces que vous

apercevrez en marchant, ainsi que des piluliers ou des sacs de congélation pour récupérer les fèces (selles de mammifère) si jamais vous ne parvenez pas à les identifier directement sur le terrain. Vous pourriez aussi tomber sur des pelotes de réjection émises par des rapaces, il serait alors dommage de ne pas pouvoir les rapporter (voir question 86).
Une paire de jumelles peut compléter utilement votre sac. Les mammifères étant particulièrement discrets, les chances de les observer à proximité sont malheureusement assez faibles en France. Elles peuvent augmenter dans les pays où l'homme ne les chasse pas.
Pour favoriser ces rencontres, vous pouvez faire un affût. Pensez alors à vous équiper de vêtements chauds et imperméables. Les opportunités d'apercevoir des espèces sont généralement plus importantes le matin très tôt ou le soir au crépuscule, moments généralement frais, voire humides. Dans tous les cas, portez des vêtements discrets, de couleur neutre, afin de ne pas vous faire remarquer. Et évitez de vous parfumer ou de vous asperger d'anti-moustique, les mammifères ont du flair ! Anticipez votre sortie en vous documentant sur les mammifères qui peuplent votre site, sur leurs mœurs (espèces nocturnes, diurnes, hibernantes…) et sur les habitats qu'ils fréquentent. Vous ne pourrez pas observer de putois d'Europe (*Mustela putorius*) sans zone humide à proximité, et vous ne risquez pas d'apercevoir un ours brun (*Ursus arctos*) en plein cœur de l'hiver.

La règle : un outil indispensable pour déterminer les empreintes (ici, une empreinte de tapir terrestre *Tapirus terrestris*).

Enfin, un guide d'identification des traces de mammifères, une petite loupe pour scruter les indices découverts, et un GPS pour localiser les points des différentes observations réalisées restent les bienvenus pour une parfaite journée de terrain.

86 Comment déceler la présence des mammifères sans les voir ou les entendre ?

Les mammifères sont des animaux très discrets et sortent souvent le soir ou au crépuscule, voire la nuit. Il n'est donc pas facile de les voir directement ! Heureusement, ils laissent derrière eux de nombreux indices qui trahissent leur présence. Les plus faciles à trouver restent les empreintes de pattes. L'étude de leur forme, de leur dimension et de leur disposition permet au promeneur d'identifier l'espèce qui est passée. Ce dernier pourra facilement reconnaître une trace de blaireau (*Meles meles*) ou de renard (*Vulpes vulpes*), mais il aura besoin d'un peu plus d'expérience pour identifier celle d'une martre (*Martes martes*) ou d'une fouine (*M. foina*).

Empreinte d'un puma (*Puma concolor*).

Les crottes, appelées fèces, constituent aussi un indice incontournable pour la détection des mammifères. Il est important de noter leur aspect, leur composition (végétaux, os, poils...), leur taille, mais aussi parfois leur odeur, pour trouver qui est passé par là, qui a marqué son territoire. Il paraît que les fèces de putois (*Mustela putorius*) auraient une forte odeur de poisson, alors que celles de la loutre (*Lutra lutra*) sentiraient plus l'huile de lin, voire le miel... Encore faut-il avoir envie d'y mettre le nez (mais pas les mains) !

Si nous scrutons plus attentivement les alentours, d'autres traces peuvent être décelées et permettent parfois de confirmer une présence déjà suspectée. La terre retournée dans tous les sens et sur différentes zones espacées d'une faible distance nous renseigne sur la présence du sanglier (*Sus scrofa*) qui, dès qu'il a un petit creux, cherche avec grande conviction des lombrics. Il laboure ainsi à diverses reprises le terrain en poussant la terre avec son groin. Les cervidés se frottant régulièrement les bois sur les troncs laissent des marques, appelées frottis, dont la hauteur permet de différencier le cerf élaphe (*Cervus elaphus*) du chevreuil (*Capreolus capreolus*).

De même, les carnivores affûtent régulièrement leurs griffes sur les arbres. Un expert pourra identifier l'auteur de ces cicatrices grâce à leur hauteur et à leur forme générale. Ainsi, il sera plus fréquent d'observer les griffures d'un ours brun (*Ursus arctos*) dans les Pyrénées ou d'un jaguar (*Panthera onca*) en Guyane que l'individu en question !

Traces de griffes de jaguar (*Panthera onca*).

Les restes de repas sont aussi intéressants à étudier. Le lynx boréal (*Lynx lynx*) est connu pour consommer ses proies de la queue vers la tête en retournant progressivement la peau. Lorsqu'il est rassasié, il laissera ainsi derrière lui la tête de sa victime enveloppée dans sa propre peau. Dans un autre style, les écureuils, les mulots et les campagnols, espèces qui apprécient particulièrement les pommes de pin ou les noisettes, ne rongent pas ces fruits de la même façon. Il est donc possible de les distinguer grâce aux marques des dents et à la précision du travail fini.

Pour déceler la présence des petits mammifères, rien de mieux que de partir à la recherche de pelotes de réjection. Ces pelotes sont régurgitées par les rapaces nocturnes, qui raffolent de rongeurs en tout genre, voire de musaraignes pour la chouette effraie. Elles sont composées principalement de poils et d'os. L'analyse de leur contenu permet aux mammalogistes d'identifier les espèces consommées à partir de leurs crânes.

Enfin les blaireautières, les taupinières, les nids des muscardins et des rats des moissons, mais encore les poils laissés sur les barbelés, les bois des cervidés, tombés en automne ou en hiver, permettent aussi aux intéressés de détecter la présence des mammifères. Il faut juste ouvrir l'œil, apprendre à regarder différemment la nature qui nous entoure et se procurer un des nombreux manuels d'ichnologie (science étudiant les indices de présence).

87 Peut-on reconnaître un individu chez les mammifères ?

Chez certaines espèces, comme le lynx boréal (*Lynx lynx*), le tigre (*Panthera tigris*), mais aussi la baleine à bosse (*Megaptera novaeangliae*) et le phoque gris (*Halichoerus grypus*), il est possible de reconnaître les individus. Le nombre de taches, la forme des dessins, la présence de cicatrices sont autant de critères qui permettent une identification individuelle.

Le lynx boréal est un carnivore dont le pelage est parsemé de taches noires. Leur position et leurs formes sont propres à chaque individu. Ainsi, en photographiant ses deux profils et en enregistrant les images dans un logiciel, les scientifiques alimentent des bases de données permettant de reconnaître quel lynx s'est fait photographier. En France, un réseau est mis en place pour suivre ce félidé. Grâce au piégeage photographique, ce réseau a notamment pu suivre un lynx nommé Bingo. Ce dernier a migré du Doubs aux Vosges du Sud, parcourant plus de 70 km et traversant avec succès des obstacles tels que l'autoroute A36, laquelle ne dispose pourtant d'aucun passage à faune…

Comme le lynx boréal, les tigres sont identifiables grâce à leur pelage, et plus particulièrement à leurs rayures. Dans l'est de la Thaïlande, la pose d'une centaine de pièges photographiques a révélé la présence d'une deuxième population reproductrice de tigres d'Indochine (*Panthera tigris corbetti*) dans cette région. Celle-ci compterait au moins une douzaine d'individus, dont des femelles avec leurs petits. Cette différenciation individuelle a aussi permis de calculer la densité de cette population, s'élevant à 0,63 tigre pour 100 km^2.

Les baleines à bosse sont, quant à elles, distinguables grâce à la forme, aux variations de couleurs et aux cicatrices ornant la nageoire caudale (la queue), qu'elles exposent quand elles plongent après avoir respiré à la surface. Sur l'île de La Réunion, un catalogue de photographies de la queue de ce mammifère marin est réalisé et partagé avec d'autres pays voisins afin de déterminer leur temps de résidence dans cette zone et de mieux comprendre les mouvements migratoires dans cette région.

Le pelage tacheté du phoque gris ainsi que ses cicatrices sont uniques pour chaque individu. En baie de Somme et dans l'archipel de Molène notamment, une base de photographies est tenue à jour pour identifier les individus présents dans les colonies. Plusieurs photographies par phoque sont nécessaires pour les reconnaître. Cette photo-identification permet de calculer les effectifs des différentes populations et d'étudier les déplacements de certains individus. Il a ainsi été constaté qu'une femelle observée tous les étés en Bretagne était partie se reproduire en Irlande !

De nombreux autres mammifères, dont le dauphin de Risso (*Grampus griseus*), le léopard (*Panthera pardus*), la girafe (*Giraffa camelopardalis*), le blaireau (*Meles meles*), peuvent être reconnus individuellement grâce aux singularités de leur pelage.

Le lynx boréal (*Lynx lynx*), sujet parfait pour des études de photo-identification.

88 Comment connaître l'âge d'un mammifère ?

Pour déterminer l'âge précis d'une victime humaine, la police scientifique peut étudier, selon la tranche d'âge de l'individu (jeune, adolescent, adulte), ses dents, le niveau de fusion de certaines épiphyses, sa symphise (articulation intérieure du bassin) ou son plastron sternal. En effet, chez l'homme, la dentition évolue au cours du temps (voir question 37). De 30 mois à 6 ans, les enfants portent 20 dents temporaires (dites « dents de lait »). À partir de 6 ans, ces dents sont renouvelées par des dents permanentes jusqu'à environ 12 ans. L'adolescent compte alors 28 dents. Les grosses molaires arrivent quant à elles entre 19 et 25 ans.
À partir de 25 ans, on observe une usure des dents. Et l'angle d'ouverture de la bouche est moins important chez les enfants et les personnes âgées. Quant aux épiphyses (extrémités des os longs), elles se développent indépendamment de l'os pendant la croissance de l'individu et se soudent à l'os à l'âge adulte. Le stade de fusion apporte donc des éléments importants pour connaître l'âge. La symphise pubienne et le plastron sternal évoluent aussi au cours du temps et permettent d'estimer l'âge d'un humain.
Qu'en est-il pour les autres mammifères ? Chez de nombreuses espèces, l'étude dentaire permet aussi de déterminer l'âge des individus. Chez le daim (*Dama dama*) notamment, la formule dentaire, le renouvellement des dents (dents de lait à dents permanentes) ainsi que leur usure, permettent d'avoir une idée assez précise de l'âge des individus jusqu'à 20 ans environ. De plus, durant toute leur vie, les mammifères produisent un tissu cellulaire (le cément) au niveau de la racine des dents, voire sur toute la dent chez les herbivores. Chez les cervidés notamment, le cément prend un aspect différent suivant les saisons (en fonction de la disponibilité des ressources alimentaires). Chez le cerf élaphe (*Cervus elaphus*), les couches sont claires et larges en été et foncées et linéaires en hiver. Ainsi, pour déterminer son âge, il suffit de compter le nombre de couches estivales de cément comme on compte les cernes du bois.
Une autre méthode, pratiquée chez de nombreux petits mammifères dont le lièvre d'Europe (*Lepus europaeus*), le lérot (*Eliomys quercinus*) ou le campagnol des champs

(*Microtus arvalis*), consiste à peser le cristallin prélevé dans l'œil d'individus morts. La fiabilité de cette technique évolue avec l'âge de l'individu. Chez le lièvre d'Europe, la précision passe de 2-3 semaines pour des individus âgés de moins de 3 mois à 18 mois pour des lièvres de 3 ans, et continue à diminuer ensuite.

La biométrie permet aussi d'avoir une idée de l'âge pour certaines espèces. Chez la marmotte des Alpes (*Marmota marmota*) notamment, grâce à plusieurs mesures, il est possible de différencier trois classes d'âges : les marmottons (moins de 1 an), les marmottes de 1 an et celles de 2 ans et plus.

Chez d'autres espèces, l'observation du pelage permet une certaine discrimination entre nouveau-né, juvénile et adulte. En effet, chez certains mammifères, le pelage évolue avec le temps (voir question 66). Ainsi, le marcassin (*Sus scrofa*) revêt une robe rousse rayée longitudinalement de bandes noires. Vers 4 mois, les rayures s'estompent, et seuls les poils roux restent, on parle alors de bête rousse. À partir de 16 mois, le pelage prend une teinte brune avec quelques reflets roux.

Enfin, chez les bovidés et les cervidés, l'analyse des cornes ou des bois donne aussi des indications sur l'âge des individus. Chez les adultes des bouquetins des Alpes (*Capra ibex*), il suffit de compter le nombre de sillons circulaires qui sont présents sur leurs

Le nombre de sillons circulaires, visibles à l'arrière des cornes, permet de calculer l'âge du bouquetin des Alpes (*Capra ibex*).

cornes. Ceux-ci, différents des bourrelets des cornes, sont bien visibles sur la face postérieure de l'étui, surtout chez le mâle. Chez la femelle, les derniers sillons peuvent ne mesurer que quelques millimètres, leur dénombrement demande donc plus de concentration. Pour les jeunes, la longueur des cornes suffit à déterminer l'âge.

89 Comment différencier une biche d'une chevrette ?

Qui n'a pas déjà aperçu, au cours d'un trajet sur une autoroute, la silhouette d'un cervidé bien connu ? Mais est-ce un cerf élaphe (*Cervus elaphus*) ou un chevreuil (*Capreolus capreolus*) ? S'il s'agit d'un mâle adulte (respectivement un cerf ou un brocard), la distinction se fera aisément (sauf durant la courte période sans bois). Il suffit d'observer les bois. S'ils sont courts (une vingtaine de centimètres), avec peu d'andouillers (ramifications) et droits sur la tête, nous avons affaire à un chevreuil. Si la ramure est imposante (elle peut atteindre plus de 1 m) et composée de nombreux cors (andouillers), c'est le cerf qui vous fait l'honneur de sa présence.

Grâce à sa moustache et à son miroir blanc, cette chevrette (*Capreolus capreolus*) est facilement identifiable.

En revanche, dans le cas de jeunes sans bois ou de femelles (biche ou chevrette), il faut se concentrer sur d'autres caractéristiques pour distinguer ces deux espèces. Le critère le plus simple reste la taille, même s'il n'est pas toujours évident, de loin, de s'en faire une idée juste. Le chevreuil se rapproche des mensurations d'une chèvre tandis que la taille du cerf est comparable à celle d'une vache. Vous pouvez aussi vous concentrer soit sur le museau, soit sur les fesses. Contrairement au cerf, le chevreuil porte une « moustache » noire sur la lèvre supérieure. Sur les fesses, ces deux espèces ont une tache claire appelée « miroir ». Elle est jaunâtre chez le cerf mais blanche chez le chevreuil (en forme de haricot chez le mâle, de cœur inversé chez la femelle). Enfin, le cerf porte une queue mesurant une vingtaine de centimètres alors qu'elle est quasiment absente chez le chevreuil (bien qu'en hiver la chevrette porte sur le haut des pattes postérieures une touffe de poils blancs portant à confusion).
Forts de ces explications, vous avez maintenant de quoi occuper les longs trajets de vacances !

90 Pourquoi les humains ont-ils autant d'empathie pour les mammifères ?

L'empathie est définie dans le Larousse comme la faculté intuitive de se mettre à la place d'autrui, de percevoir ce qu'il ressent. Cette capacité est bien présente chez l'homme mais pas seulement. En effet, les substrats neurobiologiques nécessaires à l'empathie sont apparus chez les premiers mammifères, il y a donc environ 200 millions d'années, après que ce groupe s'est séparé de celui des reptiles. Cette capacité est donc partagée par l'ensemble des mammifères et réservée à ce groupe.
Les preuves d'empathie sont nombreuses chez les primates, avec notamment les comportements de consolation que manifestent certains individus envers d'autres après des bagarres. Frans de Waal, célèbre primatologue, décrit de telles scènes, dont celles de chimpanzés (*Pan troglodytes*) léchant les blessures de leurs congénères attaqués par des léopards (*Panthera pardus*), ou encore de chimpanzés essayant de calmer et réconforter leurs semblables à la

suite d'une défaite. De même, des chercheurs ont montré des vidéos ayant des ambiances différentes (jeux, agression, paysages) à des chimpanzés et ont étudié leurs réactions. Ils ont ainsi observé que ces individus effectuaient des gestuelles de jeux et souhaitaient interagir avec l'écran devant les vidéos à *stimuli* positifs, alors qu'ils avaient tendance à crier et hérisser leurs poils à la vue des vidéos d'agression.

Comment ne pas être sensible au regard attendrissant de ce jeune gibbon à bonnet (*Hylobates pileatus*)?

Très étudiée chez les primates, l'empathie est également démontrée chez les éléphants et les dauphins. Frans de Wall raconte notamment que des éléphants peuvent venir en aide à leurs congénères malvoyants en les aidant à retrouver leur chemin à l'aide de leur voix. Chez les dauphins, lorsqu'un individu est blessé, d'autres l'entourent pour l'aider à remonter à la surface afin de respirer. Cependant, l'empathie n'est pas réservée aux mammifères ayant un niveau de cognition élevé. Ainsi, des comportements de consolation ont aussi été observés chez les campagnols des prairies (*Microtus ochrogaster*). De même, des études portant sur des rats ont permis de constater que ces derniers pouvaient arrêter de se nourrir si la quête de nourriture provoquait un stress chez un congénère (expérience réalisée en envoyant des décharges électriques sur des individus quand d'autres récupéraient de la nourriture).

L'empathie que l'homme ressent envers les autres mammifères provient probablement du fait que cette faculté est partagée par ses semblables. Cette capacité à ressentir les émotions de leurs congénères peut donner un aspect « humain » à ces animaux.

De plus, l'empathie découlerait des soins parentaux que les mammifères portent à leurs jeunes. Quand un petit exprime une émotion, qu'il ressent un danger ou qu'il a faim, l'adulte doit réagir immédiatement afin d'assurer la survie de sa progéniture. Si une femelle n'allaite pas son petit, celui-ci est voué à une mort certaine. Il en va de même chez les humains. Il ne faut pas non plus oublier que l'homme partage un ancêtre commun avec les autres mammifères. Il est donc fortement probable que certaines informations soient transmises entre nous et les autres mammifères sans que nous en soyons pleinement conscients. Enfin, la variété d'expression de leurs visages et des sons qu'ils peuvent émettre accentue probablement notre empathie à leur égard. Le regard humide d'un cocker ou le cri de détresse d'un marcassin cherchant sa mère nous laissent rarement de marbre.

Marcassin (*Sus scrofa*) en train d'appeler sa mère.

Pour en savoir plus sur les mammifères

Arthur L. et Lemaire M. 2015. *Les Chauves-souris de France, Belgique, Luxembourg et Suisse.* Éditions Biotope, Mèze et Publications scientifiques du MNHN, Paris, 544 p.

Aulagnier S., Haffner P., Mitchell-Jones A.J., Moutou F., Zima J., Chevallier J., Norwood J. et Varela Simo J. 2015. *Mammifères d'Europe, d'Afrique du Nord et du Moyen-Orient.* Delachaux et Niestlé, Paris, 272 p.

Estes R.D. 1992. *The Behavior Guide of African Mammals.* The University of California Press, Berkley, 611 p.

Lugon-Moulin N. 2003. *Les musaraignes. Biologie, écologie, répartition en Suisse.* Éditions Porte-plumes, Ayer, 312 p.

Marchesi P., Blant M. et Capt S. (eds). 2008. Mammifères de Suisse – Clés de détermination. Fauna-Helvetica 21, CSCF et SSBF, Neuchâtel, 294 p.

Mittermeier R.A., Louis E .E., Langrand O., Schwitzer C., Gauthier C.-A., Rylands A.B., Rajaobelina S., Ratzimbazafy J., Rasoloarison R., Hawkins F., Roos C., Richardson M. et Kappeller P.M. 2014. *Lémuriens de Madagascar.* Publications scientifiques du MNHN (Paris) et Conservation International (Arlington), 841 p.

Moutou F. 2007. *La Vengeance de la civette masquée. SRAS, grippe aviaire… d'où viennent les nouvelles épidémies ?* Le Pommier, Paris, 336 p.

Pouydebat E. 2017. *L'intelligence animale. Cervelle d'oiseaux et mémoire d'éléphants.* Odile Jacob, Paris, 215 p.

Quéré J.-P. et Le Louarn H. 2011. *Les rongeurs de France. Faunistique et biologie.* Éditions Quæ, Versailles, 311 p.

Rigaux P. et Dupasquier C. 2012. Clé d'identification en main des micromammifères de France métropolitaine. SFEPM, Paris, 56 p.

Savouré-Soubelet A., Aulagnier S., Haffner P., Moutou F., Van Canneyt O., Charrassin J.-B. et Ridoux V. (coord.) 2016. *Atlas des Mammifères sauvages de France. Volume 1. Mammifères marins.* Publications scientifiques du MNHN (Paris) et IRD Éditions (Marseille), 480 p.

Shirihai H. 2007. *Guide des mammifères marins du monde. Toutes les espèces décrites et illustrées.* Delachaux et Niestlé, Paris, 384 p.

Teyssèdre A. 2006. *Les clefs de la communication animale.* Delachaux et Niestlé, Paris, 191 p.

Wilson D.E et Reeder D.A.M. (eds). 2005. *Mammal Species of the World. A Taxonomic and Geographic Reference* (3rd ed), Johns Hopkins University Press, Baltimore, 2 142 p.

Withers P.C., Cooper C.E., Maloney S.K., Bozinovic F. et Cruz Neto A.P. 2016. *Ecological and Environmental Physiology of Mammals.* Oxford University Press, 560 p.

Wilson D.E., Mittermeier R.A., Lacher T.E. et Ryland A.B. Depuis 2009. *Handbook of the Mammals of the World* (9 volumes), Lynx Edicions, Barcelone.

Sites Internet

Liste rouge mondiale : http://www.iucnredlist.org/

SFEPM : http://www.sfepm.org/

INPN : https://inpn.mnhn.fr/accueil/index

90 clés pour comprendre les mammifères de tout poil

À la rencontre des mammifères

La reproduction chez les mammifères

L'alimentation des mammifères

La socialité des mammifères

Adaptation et évolution

Les mammifères et l'homme

Remerciements des auteurs

Nos plus vifs remerciements vont à François Moutou pour toute l'aide qu'il nous a apportée. En plus d'avoir accepté de relire l'ensemble de notre ouvrage, il nous a procuré de nombreux documents et prodigué de précieux conseils. Merci François pour ta réactivité, ta disponibilité et ces bons moments partagés à parler mammifères et pays lointains.
Nous remercions également chaleureusement Stéphane Aulagnier, qui a accepté de nous faire bénéficier de sa grande expertise sur la nomenclature des mammifères.
Merci encore aux photographes ayant accepté, souvent sans hésiter, de mettre à notre disposition de superbes clichés : François Moutou, Anne-Christine Keime, Arnaud Horellou, Mathieu Letortu, Françoise Serre Collet, Julien Laignel, Francis Robeyns.
Merci aussi à Jean Arbeille de nous avoir fait confiance sur ce projet, et à toute son équipe, notamment Sylvie Blanchard, pour le travail accompli.

Audrey Savouré-Soubelet remercie plus personnellement Sylvain pour ses relectures et son soutien tout au long de ce projet. Merci à toi et à Nathan pour votre patience et d'avoir accepté que je sois moins disponible ces derniers mois.

Crédits iconographiques

Responsable éditoriale : Véronique Véto
Édition : Sylvie Blanchard
Création maquette : Gwendolin Butter
Mise en page et couverture : Paul Mounier-Piron
Imprimé par SEPEC - 01960 Péronnas - 11414180255
Dépôt légal : avril 2018

IMPRIM'VERT®